Dr.ニャガサキの ゆるふわウイルス入門

作・Dr.ニャガサキ
画・あきのはこ

教育評論社

はじめに

新型コロナウイルスがこの世に現れてから、いろいろなことが大きく変化しました。
ウイルスの脅威を改めて思い知らされた出来事といえるでしょう。
様々な活動が制限されるなか、
もう少し詳しくウイルスの正体について知りたいと思った方も多いのではないでしょうか。

「でも、ゼロからウイルス学の教科書を読む気力はないな～。
ラク～に読めて、何となくウイルスをざっくりと理解できてしまう、
そんな都合のいい本はないのかな？」

「一念発起してウイルスの本を買って読み始めたんだけど、内容が難しくて・・・。
もう少し易しく書いてほしい。」

わかります。
そんなあなたのニーズに応えるべく作られたのがこの本です。
ご要望通り、内容はかなり「ゆるめ」です。
その点、くれぐれもお気をつけください。

ウイルスをもっと本格的に知りたいというあなた！
手に取る本、間違ってます。
巻末に参考資料を示していますので、
そちらをよく読んで「しっかりと」学んでください。

この本では、様々な環境にいるウイルスたち、
人とウイルスの不思議な関係、
ウイルスのなぞに最初に挑んだ偉人たちの話などを、
漫画と短い文章で紹介していきます。

皆様のウイルスへの興味が少しでも高まれば嬉しいです。

もくじ

第2章

自然界のウイルス　エトセトラ

第3章

ヒトとウイルスの関わり……63

第4章

〈カバーデザイン〉あきのはこ

登場人物紹介

ウイルス君《くん》

ウイルスの悪《あ》しきイメージを
正《ただ》すべくヒトの世界《せかい》に現《あらわ》れた。
でも自分《じぶん》もたまに悪《わる》いことをする。

ニャガサキ博士《はかせ》

ウイルスとヒトの友好《ゆうこう》の架《か》け橋《はし》を
目指《めざ》す、さすらいのネコ博士《はかせ》。
実《じつ》は大学《だいがく》の教授《きょうじゅ》をしている。

アカリ

科学《かがく》に関《かん》する難《むずか》しい話《はなし》が苦手《にがて》なOL《オーエル》。
手洗《てあら》いうがいはきちんとする。
やや過激《かげき》な一面《いちめん》も。

マサト

アカリの弟《おとうと》。色々《いろいろ》なことを
知《し》るのが好《す》きな高校生《こうこうせい》。
人《ひと》の話《はなし》はちゃんと聞《き》く穏健派《おんけんは》。

第1章

ウイルスとはなにものか

1話　良《い》いウイルスもいるんだよ

ウイルスだー!!
みんな消毒《しょうどく》しろー!!
ギャーッ!!
やめて!
ボクは悪《わる》いウイルスじゃないんだよ!
見てこの澄んだ瞳
いや
ウイルスは敵《てき》やろ
ブシューー
ギャーッ
ちっ違《ちが》うよ!
良《い》いウイルスもいるんだよ!!
え〜〜
良《い》いウイルスとか聞《き》いたことある?
ない
病気《びょうき》とか起《お》こす悪《わる》いイメージしかない
現《げん》に今《いま》新型《しんがた》コロナウイルスヤバいじゃん!
それは誤解《ごかい》ニャ!
コロナは地球上《ちきゅうじょう》のウイルスのほんの一例《いちれい》にすぎニャイ!
パッ
あ…あなたは!!
人間《にんげん》とウイルスの友好《ゆうこう》の架《か》け橋《はし》を目指《めざ》すさすらいのネコ!
どーん
誤解《ごかい》を解《と》くためにここはぼくがウイルスについてお教《おし》えするニャ!
ニャガサキ博士《はかせ》
ネコなのに…
博士…?

「ウイルス」と聞くと、皆《みな》さんはおそらく「病気」という単語《たんご》を
連想《れんそう》されるのではないでしょうか？

ごもっとも。ウイルスのなかに悪い病気を引き起こすものがいるのは確《たし》かです。
そして怖《こわ》いものを正しく恐《おそ》れることはとても大事。
でも、漫画《まんが》のなかでウイルス君は訴《うった》えています。
「ボクは悪いウイルスじゃない！」
そうなんです。
実は私《わたし》たちの周《まわ》りには、「人間にとって都合の悪いウイルス」もいれば、
決して欠《か》くことのできない「良《い》いウイルス」もたくさんいるんです。

ウイルスたちはどこにいるのでしょう？

海にも川にも森にも野原にも。今皆《みな》さんが吸《す》っている空気のなかにも、そして体のなかにも。

ありとあらゆる環境《かんきょう》にウイルスは存在《そんざい》しています。

「ほんまかいな」と思われるかもしれませんね。でも本当です。

様々なウイルスが、ごく当たり前のように
地球上の様々な場所にいて、それぞれの役割《やくわり》を果《は》たしているのです。

事実は小説《しょうせつ》よりも奇《き》なり。

しばし、ウイルスの不思議《ふしぎ》な世界を旅していきましょう。

2話　バイ菌《きん》と一緒《いっしょ》にしないでよ

君《きみ》らはウイルスってどんなものか知《し》ってるかニャ？
なんか…菌《きん》の一種《いっしゅ》みたいな？
バイ菌《きん》の仲間《なかま》
全然違《ぜんぜんちが》うー!!
えっ　そうなの？
誤解《ごかい》しやすいけどウイルスとバイ菌《きん》は全《まった》くの別物《べつもの》なのニャ
ブブー
バイ菌《きん》ってどういう意味《いみ》だっけ…？
バイ菌《きん》のバイは「カビ」！　菌《きん》は「細菌《さいきん》」って意味《いみ》なんだ
黴菌《ばいきん》
漢字《かんじ》むずっ
書けない
ちなみにカビと細菌《さいきん》は全然異《ぜんぜんこと》なる仲間《なかま》ニャのだが
人体《じんたい》に有害《ゆうがい》なものをまとめてバイ菌《きん》と呼《よ》んでるニャ
カビ？
もしかしてお風呂《ふろ》のヌルヌルもバイ菌《きん》の仕業《しわざ》？
よく知《し》ってるね　風呂場《ふろば》の黒《くろ》いシミもカビが原因《げんいん》だよね！
マル！
カビとかやっぱ無理《むり》!!　消毒《しょうどく》!!　消毒《しょうどく》じゃ～!!
怨
ブシュー
ギャーッ!!　だから違《ちが》う!!　ウイルスとバイ菌《きん》は全然違《ぜんぜんちが》うんだってば!!

バイキンの「バイ」、すなわち「カビ」はキノコに近い仲間《なかま》です。
カビには、水虫などの皮膚病《ひふびょう》や肺《はい》の病気《びょうき》、
なかには眼《め》や脳《のう》を侵《おか》すような厄介《やっかい》な種類《しゅるい》もいます。

一方、酒・味噌《みそ》・醤油《しょうゆ》などの発酵《はっこう》に不可欠《ふかけつ》なコウジ菌《きん》や、
パンやワインなどの発酵《はっこう》に不可欠《ふかけつ》な酵母《こうぼ》などもカビの仲間《なかま》です。
人の役に立つカビの代表といえるでしょう。

バイキンの「キン」、すなわち「細菌《さいきん》」の一部は、
様々な病気や食中毒《しょくちゅうどく》などを引き起こす厄介者《やっかいもの》です。

たとえば中世のヨーロッパでパンデミック（感染症《かんせんしょう》の大流行）を
引き起こしたペスト菌《きん》などは、その代表例《だいひょうれい》といえるでしょう。

一方、乳酸菌《にゅうさんきん》や納豆菌《なっとうきん》など、人の役に立つ細菌《さいきん》も多く知られています。
また、普段《ふだん》はあまり気がつきませんが、皮膚《ひふ》表面の常在菌《じょうざいきん》や腸内《ちょうない》の細菌《さいきん》などは、
我々《われわれ》の健康《けんこう》に欠《か》かせない存在《そんざい》だということがわかっています。

さて、ここで問題。ウイルスはバイ菌《きん》なのかどうなのか。
実は、ウイルスはカビとも細菌《さいきん》とも全く異《こと》なる存在《そんざい》です。
とすると、ウイルスとバイ菌《きん》との決定的《けっていてき》な違《ちが》いはどこなのでしょう？

3話　ウイルスは食事《しょくじ》をしない!?

ウイルスとバイ菌《きん》って実際何《じっさいなに》が違《ちが》うんですか?
ギャー
ギャー
一番大《いちばんおお》きな違《ちが》いはウイルスが食事《しょくじ》をしないということかニャ
えっ…君《きみ》食事《しょくじ》してないのにどんどん増殖《ぞうしょく》してるの?
怖《こわ》っ…
ボクたちウイルスには君《きみ》らの細胞《さいぼう》のように自分《じぶん》の力《ちから》だけで分裂《ぶんれつ》する機能《きのう》が備《そな》わってないんだよ!
残念なことに
ちなみに細胞分裂《さいぼうぶんれつ》っていうのは栄養《えいよう》を元《もと》に分裂《ぶんれつ》して増《ふ》えていくことニャ
バイ菌
メシだー!
ぐにーっ
おお…!!
分裂!!
あばよ!
ガンバローな!
たとえばバイ菌《きん》はジメジメした場所《ばしょ》でほこりや汚《よご》れとかを食《た》べて増《ふ》えてやがんだ
お風呂のカビとか絶対許せん
仲良いな
それに対《たい》してウイルスは何《なに》も食《た》べることがニャイ!
ごはんだよー
んー
ごちそうだよー?
いらぬ!
信《しん》じられんお腹《なか》すかないの?
すかないよ!
バイ菌《きん》ですら何《なに》かを食《た》べて増《ふ》えていくのにどういうこと…?
というか結局《けっきょく》のところ君《きみ》らっていったい何者《なにもの》?
ふ…そこまでいわれちゃ仕方《しかた》ない…
一緒《いっしょ》に博士《はかせ》に聞《き》いてみよう
自分《じぶん》でも知《し》らないんかい

細菌《さいきん》やカビは周囲《しゅうい》の栄養分《えいようぶん》を利用《りよう》して増殖《ぞうしょく》します。すなわち「食事」をします。
また、周囲《しゅうい》の酸素《さんそ》を利用《りよう》して「呼吸《こきゅう》」をします。
こうした性質《せいしつ》から、私《わたし》たちは細菌《さいきん》やカビが生物であるということをイメージできます。

一方、ウイルスは食事も呼吸《こきゅう》もしません。ウイルスは「生物」ではなく、「物質《ぶっしつ》」なのです。
下の写真は今恐《おそ》れられている新型《しんがた》コロナウイルスの電子顕微鏡画像《けんびきょうがぞう》（イメージ）です。
実はこの粒子《りゅうし》、このままの状態《じょうたい》では何も起こしません。
ただの化学物質《かがくぶっしつ》のかたまり（タンパク質《しつ》+脂質《ししつ》+核酸《かくさん》）にすぎないのです。

植物の「種子《しゅし》」を想像《そうぞう》してください。
乾《かわ》いた場所に置《お》いておけば何も起きませんよね。
しかし、いったん水分を与《あた》え適温《てきおん》に置《お》くと「発芽《はつが》」し、細胞分裂《さいぼうぶんれつ》がどんどん進み、
植物体へと成長《せいちょう》していきます。

ウイルスにも同じようなことがいえます。
粒子《りゅうし》のままでは何も起きませんが、
自分の感染《かんせん》相手としてふさわしい細胞《さいぼう》に潜《もぐ》り込《こ》んだその瞬間《しゅんかん》から、
ウイルスは活発《かっぱつ》な活動《かつどう》を開始《かいし》します。
ウイルスが細胞《さいぼう》に感染《かんせん》することは、種子《しゅし》にとっての発芽《はつが》のようなものといえるでしょう。
このお話はまたあとで詳《くわ》しくご紹介《しょうかい》します。

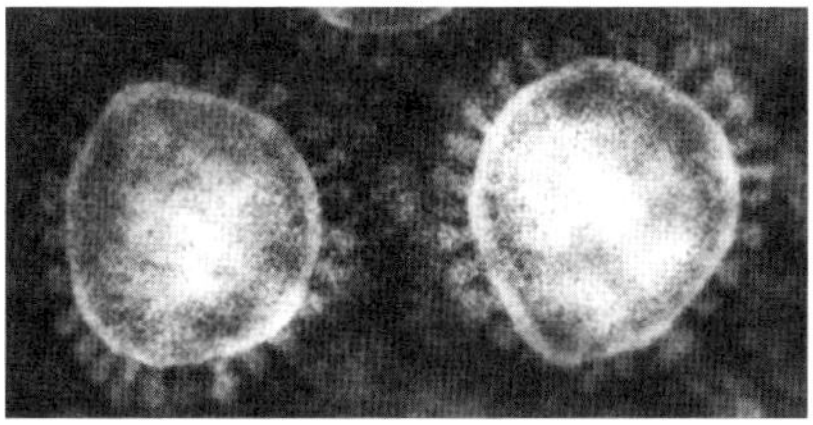

「新型コロナウイルス粒子（イメージ）」（photoAC）
この状態のままだと何も起きないのだが…。

4話　ウイルスとは何《なに》か、あえてたとえると…？

ウイルスとは何《なに》か…
あえて物《もの》にたとえるなら…
たとえるなら？
ガサゴソ
TOY BOX
これニャ
何《なに》これ
コロン
ガチャポン？
ウイルスはガチャポンのような入《い》れ物《もの》となかの巻物《まきもの》だけでできているのニャ！
これが…ボク!?
巻物ってなんだ？
えー
めっちゃシンプル
ぱかっ
この巻物《まきもの》何《なに》か書《か》いてあるよ
どれどれ…
ぎっちり
TATCTACGGTAACT
CCGTACCATGACTGA
AGAGCTGGCATGACT
CATTCGCAATCGCTC
TCGATAGCTCGTACA
博士《はかせ》これは…？
よく見《み》るとATGC《エーティージーシー》の4種類《しゅるい》しか出《で》てこない
文字列
ボクが割れた！
あわあわ
呪術か何かか？
ふふ…その巻物《まきもの》がなんなのか 次《つぎ》の話《はなし》で説明《せつめい》するニャ

ウイルスの構造《こうぞう》は非常《ひじょう》にシンプルで、
外側《そとがわ》を囲《かこ》う「カプシド」と呼《よ》ばれるタンパク質《しつ》の殻《から》と、
そのなかにある「ゲノム（DNA《ディーエヌエー》またはRNA《アールエヌエー》）」からできています。
ウイルスの種類《しゅるい》によって若干《じゃっかん》の違《ちが》いはあるものの、基本的《きほんてき》な構造《こうぞう》は同じです。

ゲノムというのはウイルスの「設計図《せっけいず》」のことです。
ウイルスを作るために必要《ひつよう》な情報《じょうほう》が書かれた巻物《まきもの》だと考えてください。
この巻物《まきもの》には、DNAとRNAの二つのタイプがあります。
両者の違《ちが》いについて詳《くわ》しく説明《せつめい》すると長くなるのでやめます。
とりあえず今は「ひらがなとカタカナの違《ちが》い」くらいに思っておいてください。

ウイルスは、巻物《まきもの》のタイプによって
「DNAウイルス」と「RNAウイルス」に分けられます。
アバウトにいえば、DNAウイルスの方が大型《おおがた》で、
RNAウイルスには小型《こがた》のものが多い傾向《けいこう》にあります。

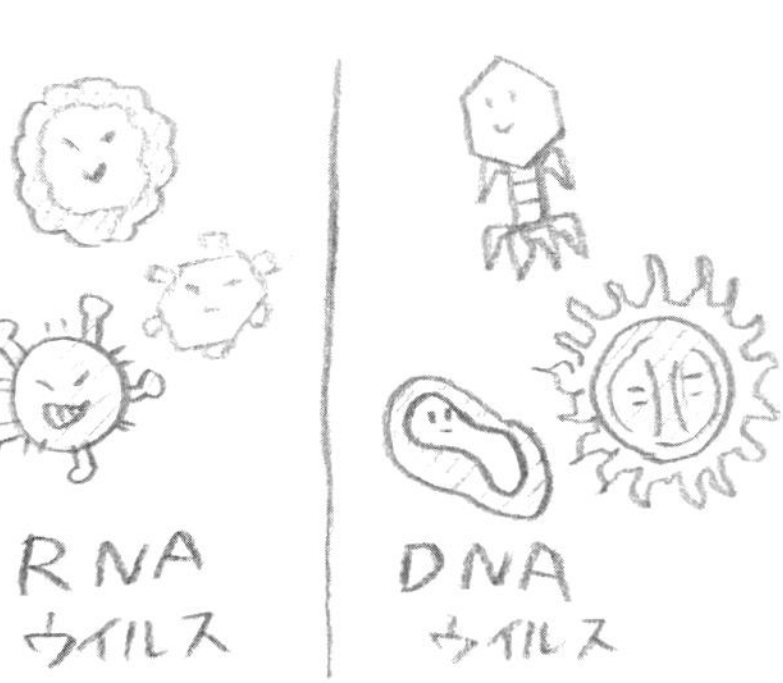

5話　ウイルスの巻物《まきもの》の正体《しょうたい》は…？

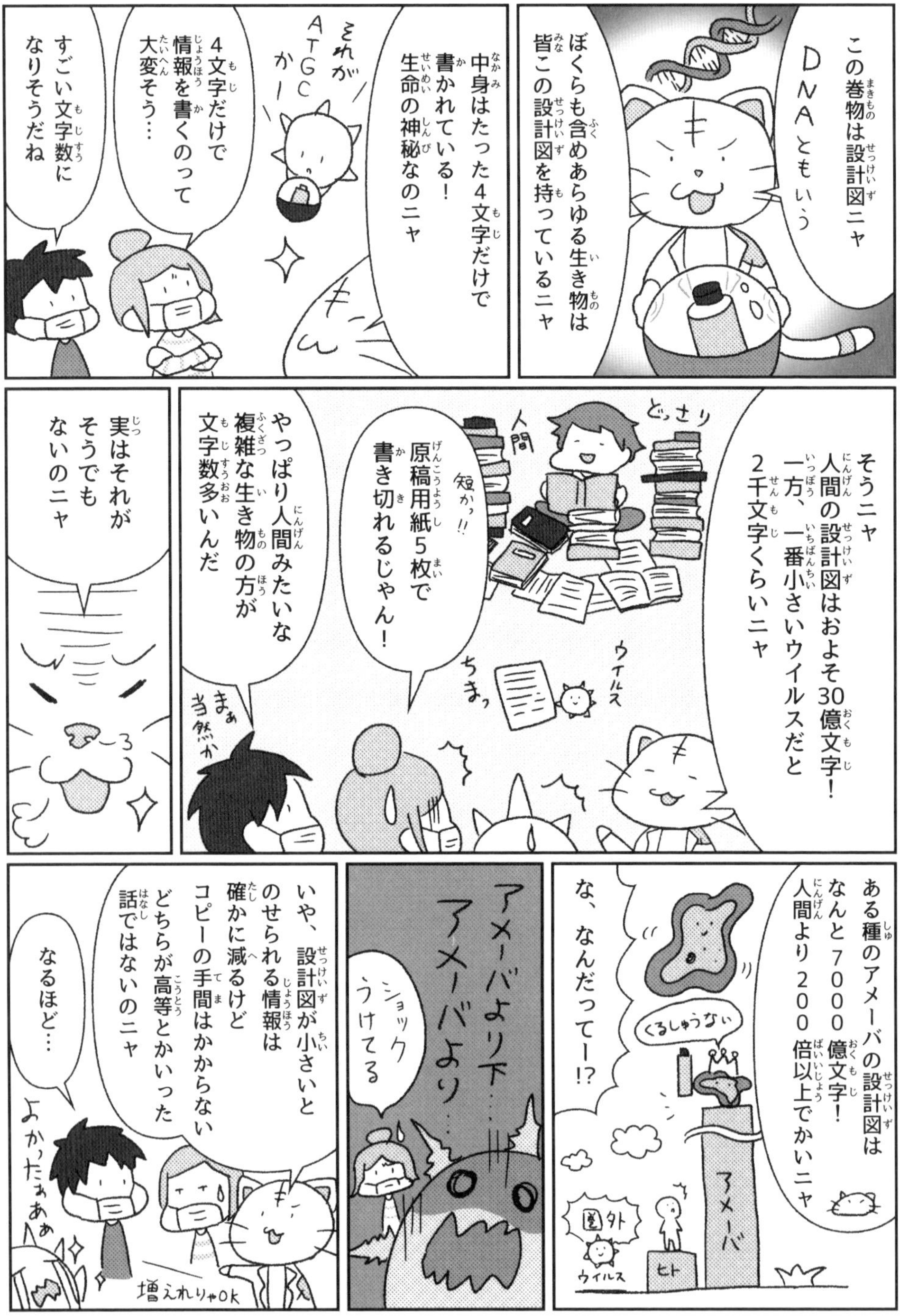

この巻物《まきもの》は設計図《せっけいず》ニャ
DNAともいう
ぼくらも含《ふく》めあらゆる生《い》き物《もの》は皆《みな》この設計図《せっけいず》を持《も》っているニャ
中身《なかみ》はたった4文字《もじ》だけで書《か》かれている！生命《せいめい》の神秘《しんぴ》なのニャ
それがATGCか！
4文字《もじ》だけで情報《じょうほう》を書《か》くのって大変《たいへん》そう…
すごい文字数《もじすう》になりそうだね
そうニャ
人間《にんげん》の設計図《せっけいず》はおよそ30億《おく》文字《もじ》！
一方《いっぽう》、一番小《いちばんちい》さいウイルスだと2千文字《せんもじ》くらいニャ
どっさり
人間
ちまっ
ウイルス
短かっ!!
原稿用紙《げんこうようし》5枚《まい》で書《か》き切《き》れるじゃん！
やっぱり人間《にんげん》みたいな複雑《ふくざつ》な生《い》き物《もの》の方《ほう》が文字数多《もじすうおお》いんだ
まぁ当然か
実《じつ》はそれがそうでもないのニャ
ある種《しゅ》のアメーバの設計図《せっけいず》はなんと7000億文字《おくもじ》！人間《にんげん》より200倍以上《ばいいじょう》でかいニャ
な、なんだってー!?
くるしゅうない
アメーバ
ヒト
圏外
ウイルス
アメーバより下…
アメーバより…
ショックうけてる
いや、設計図《せっけいず》が小《ちい》さいとのせられる情報《じょうほう》は確《たし》かに減《へ》るけどコピーの手間《てま》はかからない
どちらが高等《こうとう》とかいった話《はなし》ではないのニャ
なるほど…
よかったぁあ
増えれりゃOK

「どんなに複雑《ふくざつ》な生命の形も仕組みも、そのおおもとは、
たった4種類《しゅるい》の文字が並《なら》んだものにすぎない」
・・・不思議《ふしぎ》だけど事実です。

ヒトの設計図《せっけいず》は約《やく》30億《おく》文字。
これに対して、今問題になっている新型《しんがた》コロナウイルスの設計図《せっけいず》は約《やく》3万文字。
いちばん小さなブタの感染症《かんせんしょう》ウイルスの場合は約《やく》2千文字。
原稿用紙《げんこうようし》5枚程度《まいていど》の、しかもたった4種類《しゅるい》の文字だけで書かれた短い文字列のなかに、
このウイルスの増殖《ぞうしょく》に必要《ひつよう》な情報《じょうほう》がしっかりとパッケージされているということです。
ウイルスの設計図《せっけいず》は細胞《さいぼう》生物のそれよりも
ずっと小さいということがおわかりでしょう。

ヒトは、生物界《せいぶつかい》のなかで自分たちが一番高等だと思いがちですよね。
でも設計図《せっけいず》の大きさではあの小さなマウスや、か細い小麦に負けています（下表参照《かひょうさんしょう》）。
何より、現時点《げんじてん》での設計図《せっけいず》サイズ部門トップが
単細胞生物《たんさいぼうせいぶつ》のアメーバだというのはとても意外ですよね。

生物種	設計図の文字数
アメーバの一種	約6700億
アフリカハイギョ	約1300億
小麦	約170億
マウス	約33億
ヒト	約30億
大腸菌	約464万
新型コロナウイルス	約3万
ブタサーコウイルス	約2000

6話 ウイルスはどんだけ小《ちい》さい？

ところでこの巻物《まきもの》が入《はい》っているカプセルはウイルスの見《み》た目《め》ってことですか？
こっち
その通《とお》りだニャ！ウイルスによって形《かたち》は様々《さまざま》だけど…
せっかくだし君《きみ》でたとえてみよう
え！ボク？
ここにいるウイルス君《くん》の場合《ばあい》は1種類《しゅるい》の四角《しかく》い板《いた》が60枚《まい》組《く》み合《あ》わさってカプセルになっているニャ
それだけ!?
正二十面体
60枚
3枚
1枚
そう！だからウイルス君《くん》はわれわれを形《かたち》づくる一《ひと》つ一《ひと》つの細胞《さいぼう》よりもずっと小《ちい》さい
ウイルスがゴルフボールだとすると…
細胞は軽トラックくらい!!
わー
バイ菌《きん》の奴《やつ》らも細胞《さいぼう》だから当然《とうぜん》ボクの方《ほう》が小《ちい》さいよ!!
そこ張《は》り合《あ》うとこ？
？
うーん、でもウイルスってこんなにシンプルで小《ちい》さいのにどうやって増《ふ》えてるんです？
良《い》い質問《しつもん》ニャ！ウイルスの増《ふ》え方《かた》は特殊《とくしゅ》！すこーしだけややこしい説明《せつめい》になるけどゆるーく聞《き》いてほしいニャ
博士の本領
うん、あんまり難《むずか》しくなくざっくりお得《とく》な感《かん》じでお願《ねが》いします
何卒

ウイルスの形にもいろいろあるのですが、
ここでは話を単純化《たんじゅんか》するため、最《もっと》もシンプルなウイルスの構造《こうぞう》を説明《せつめい》します。
ウイルスの殻《から》を作る殻《から》タンパク質《しつ》（カプシドタンパク質《しつ》）は1種類《しゅるい》だけ。
それを3枚《まい》組み合わせると正三角形の板になります。
この正三角形の板《いた》20枚《まい》を組み合わせていくと、
正二十面体の空間を作ることができます（2コマ目参照《さんしょう》）。

できあがった空間のなかに巻物《まきもの》（設計図《せっけいず》）が入っているのが、
完成品《かんせいひん》のウイルスということになります。

「ウイルスが細胞《さいぼう》に吸着《きゅうちゃく》するのは、
ゴルフボールが軽トラックにぶつかるようなもの」
このたとえはあくまでイメージで、
実際《じっさい》には、ソフトボールやバスケットボールくらいのこともあります。

いずれにせよ、カビや細菌《さいきん》といった微生物《びせいぶつ》（＝バイ菌《きん》）よりも、
ウイルスははるかに小さいということです。

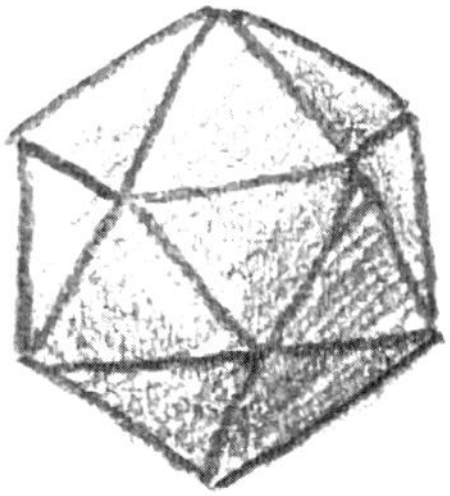

7話　ウイルスと宿主《しゅくしゅ》を結《むす》ぶ赤《あか》い糸《いと》

ウイルスは 小《ちい》さいうえに 何《なに》も食《た》べない
ではどうやって増《ふ》えるのか?
答《こた》えはズバリ「細胞《さいぼう》に感染《かんせん》・寄生《きせい》して増《ふ》やしてもらう」のニャ!
ヨロシク!
ギャーッ
き、寄生《きせい》———!?
やはり生物《せいぶつ》の敵《てき》
除菌《じょきん》…いや 除《じょ》ウイルスしよう
違《ちが》うよー!! 寄生《きせい》っていっても そんな怖《こわ》い感《かん》じじゃないんだよ!?
いや怖《こわ》くない寄生《きせい》とかある?
ボクらはなんにでも寄生《きせい》するわけじゃない! 運命《うんめい》の赤《あか》い糸《いと》のように感染《かんせん》できる相手《あいて》(宿主《しゅくしゅ》)が決《き》まってるんだよ
何《なに》ロマンチックに いってんだ
いや本当《ほんとう》ニャ ウイルスのカプセル部分《ぶぶん》にはカギのようなものが飛《と》び出《だ》していて 結合《けつごう》するのは それがぴったり合《あ》う細胞《さいぼう》とだけなのニャ
ダメ
OK!
ほう
そう! そして運命《うんめい》の相手《あいて》と巡《めぐ》り合《あ》えたら おごそかに 自分《じぶん》の設計図《せっけいず》を渡《わた》すんだ
ね? 寄生《きせい》って そんなに 怖《こわ》くないでしょ?
うーん…
…
あの巻物か
博士《はかせ》、設計図《せっけいず》を渡《わた》した後《あと》 細胞《さいぼう》がどうなるか 説明《せつめい》してもらえます?
アヤシイ
ぎくっ
エッ
任《まか》せるニャー

カビや細菌《さいきん》は、周囲《しゅうい》の栄養《えいよう》を利用《りよう》してたくましく増殖《ぞうしょく》します。
これに対してウイルスは、どんな栄養《えいよう》を与《あた》えても増殖《ぞうしょく》することはありません。

ウイルスはとても選《え》り好《この》みが激《はげ》しく、
ある特定《とくてい》の細胞《さいぼう》（宿主《しゅくしゅ》※）に出会い感染《かんせん》したときにだけ
増殖《ぞうしょく》モードに入ることができます。

このように、ある決まった細胞《さいぼう》にのみ感染《かんせん》するという性質《せいしつ》を
「宿主特異性《しゅくしゅとくいせい》」といいます。

宿主特異性《しゅくしゅとくいせい》を決定しているのは、多くの場合、
ウイルス表面にある「カギ分子」と宿主《しゅくしゅ》表面にある「カギ穴《あな》分子」の相性《あいしょう》です。
カギが合わないと感染《かんせん》は起こらず、
ウイルスは細胞内《さいぼうない》に侵入《しんにゅう》することができません。

カギが合い、細胞内《さいぼうない》に侵入《しんにゅう》すると、
ウイルスは自身の持つ設計図《せっけいず》を宿主細胞《しゅくしゅさいぼう》に委《ゆだ》ねます。
そして、この瞬間《しゅんかん》から細胞《さいぼう》はウイルスに乗っ取られることになります。

※ウイルスが感染する相手のことを「宿主」と呼びます。この後、何度も登場します。

8話　細胞工場《さいぼうこうじょう》のなかの風景《ふうけい》

まずはウイルスが来《く》る前《まえ》の細胞《さいぼう》のなかをのぞいてみるニャ
なんか色々《いろいろ》運《はこ》んでますね
工場《こうじょう》みたい
そう！細胞《さいぼう》は栄養《えいよう》を使《つか》って自分自身《じぶんじしん》をどんどん増《ふ》やす分裂《ぶんれつ》の作業《さぎょう》をしているのニャ
その際必要《さいひつよう》になるのが例《れい》の設計図《せっけいず》！
ふむ ふむ
これとこれをまぜて…
増えた！
みんなテキパキと役割分担《やくわりぶんたん》してる
僕《ぼく》らの細胞《さいぼう》はいつもこうやって頑張《がんば》ってんだね
ピンポーン
すいませーん
ガチャ ガチャ
あ、ちょっと待《ま》って 誰《だれ》かきた
さて、ここからが本題《ほんだい》ウイルスが来《き》た後《あと》の展開《てんかい》ニャ
誰《だれ》も出《で》ないな…開《あ》けちゃお…
ばんっ
おお、この細胞《さいぼう》鍵穴《かぎあな》ピッタリだったわー運命《うんめい》だなーお邪魔《じゃま》しまーす
全然《ぜんぜん》ロマンチックじゃないじゃん
不法侵入《ふほうしんにゅう》？
すみませ～んあの…突然《とつぜん》ですがボクちょっと分裂《ぶんれつ》が苦手《にがて》でこれ作《つく》るの手伝《てつだ》っていただけませんか？
ん？あぁいいよお安《やす》いごようさ！
工場長
かくかくウイルスのつくりかた
なんか怪《あや》しいぞ
うん、まぁ…もう少《すこ》し見《み》てみるニャ
つづく

細胞《さいぼう》は、周囲《しゅうい》から栄養《えいよう》を取り込《こ》み、
自分自身の構成材料《こうせいざいりょう》を2倍にすることで、
次の細胞分裂《さいぼうぶんれつ》に備《そな》えます。

細胞《さいぼう》という「化学工場」のすべての工程《こうてい》には、
細胞《さいぼう》自身の設計図《せっけいず》（DNA《ディーエヌエー》）が不可欠《ふかけつ》です。
この設計図《せっけいず》には、どの物質《ぶっしつ》をどのタイミングでどれだけ合成《ごうせい》すればよいか、
周囲《しゅうい》の環境《かんきょう》が変《か》わったらどう対応《たいおう》すればよいかといった情報《じょうほう》が、
事細かに（でもA《エー》・T《ティー》・C《シー》・G《ジー》のたった4文字で）書かれています。

この設計図《せっけいず》に従《したが》って細胞《さいぼう》工場は秩序《ちつじょ》だった操業《そうぎょう》を続《つづ》けながら、
細胞分裂《さいぼうぶんれつ》の準備《じゅんび》をしているわけです。

しかし、ウイルスの感染《かんせん》により事態《じたい》は一変《いっぺん》します。
それまで分裂《ぶんれつ》に備《そな》えて懸命《けんめい》に駆動《くどう》してきた細胞《さいぼう》のメカニズムは
そっくりウイルスに乗っ取られ、
ウイルスの設計図《せっけいず》に従《したが》った子孫《しそん》ウイルスの生産《せいさん》が始まります。
その姿《すがた》はまるで、工場長の指示《しじ》で
一斉《いっせい》に生産《せいさん》ラインの変更《へんこう》が行われたかのように見受けられます。

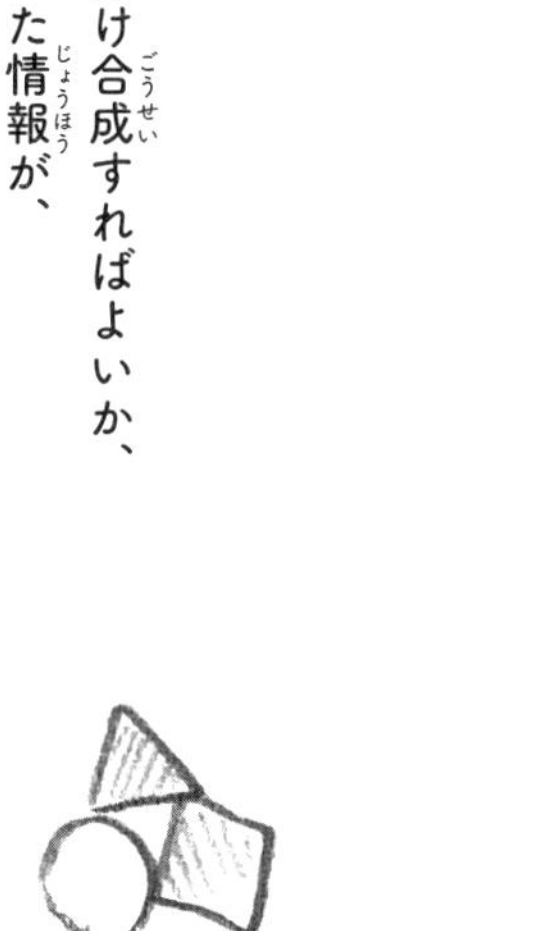

9話　細胞工場《さいぼうこうじょう》、生産《せいさん》ラインに異変《いへん》あり！

みんな集合《しゅうごう》～！ このたびうちの細胞工場《さいぼうこうじょう》でウイルス君《くん》の生産《せいさん》を少《すこ》しだけ手伝《てつだ》うことにしました！

えぇー 僕《ぼく》らの生産《せいさん》は遅《おく》れませんかね
いやこれすごく簡単《かんたん》な設計図《せっけいず》だから大丈夫《だいじょうぶ》そう
うちの生産《せいさん》のついでになるけど手伝《てつだ》うよ～

本当《ほんとう》ですか!? ありがとうございます!!

どう!? 寄生《きせい》っていってもちょこっとお願《ねが》いしただけだったでしょ!?

うーん 確《たし》かに…？

いや待《ま》って なんか様子《ようす》が変《へん》だ
…このウイルス思《おも》ったより数《かず》が多《おお》いような…？

た、大変《たいへん》ですー!!

今《いま》、工場《こうじょう》ではこのウイルスしか作《つく》られてません!!

な、なんだってー!?

お前《まえ》たちもういい!! ウイルスを作《つく》るのをやめるんだ!!

むりっす～ 楽《たの》しくてやめられねぇ～

どんどんウイルスを増《ふ》やそう～

工場《こうじょう》が壊《こわ》れるーっ!!

いやー、親切《しんせつ》な細胞《さいぼう》のおかげで子孫《しそん》をたくさん作《つく》ってもらえた
よし！ じゃあ次《つぎ》はあっちの細胞工場《さいぼうこうじょう》に行《い》ってみよ!!

ボクはあっち!! どんどんいこう!!

ぎゅーっ
ちょっと待《ま》てーい!!

ウイルスに乗っ取られた細胞《さいぼう》は、
すべてのエネルギーをウイルス複製《ふくせい》のために注ぎ込《こ》みます。
ウイルスを作るための材料《ざいりょう》も惜《お》しみなく提供《ていきょう》します。

やがて細胞《さいぼう》のなかは、新しく作られたたくさんの子孫《しそん》ウイルス粒子《りゅうし》が
ぎっしり詰《つ》まった状態《じょうたい》になります。
（1個《こ》の宿主細胞内《しゅくしゅさいぼうない》で何万個《こ》もの子孫《しそん》ウイルスが生産《せいさん》される、
なんてこともあります。）
やがて細胞《さいぼう》を包《つつ》む膜《まく》が破《やぶ》れると、ウイルスは外の世界に出ていきます。

外界に放出されたウイルスは旅に出ます。
といっても、ウイルスには何の移動能力《いどうのうりょく》もありません。
（自力で泳いだり飛《と》んだりできません）
ただ周囲《しゅうい》の流れや分子運動などによって移動《いどう》するだけです。
そして健康《けんこう》な宿主細胞《しゅくしゅさいぼう》と出会い、感染《かんせん》し、
再《ふたた》び複製《ふくせい》されることでその子孫《しそん》を増《ふ》やしていくのです。

風まかせの旅とはいえ、
細胞《さいぼう》の増《ふ》え方に比《くら》べるとずいぶんと楽チンで効率的《こうりつてき》だと思いませんか？

10話　ヒトに感染《かんせん》するウイルスはごく一部《いちぶ》？

もうこの工場《こうじょう》はダメだ……
細胞《さいぼう》さんありがとうございましたー
バイバイ
ボロッ
……とまぁこれがウイルスの増《ふ》え方《かた》ニャ
………
スッ
覚悟《かくご》しろこのサギ師《し》!!工場乗《こうじょうの》っ取《と》り犯《はん》!!
もはや情状酌量《じょうじょうしゃくりょう》の余地《よち》なし！
ギャーっ
いやーっ待《ま》って待《ま》って
もう待《ま》たんぞ色々《いろいろ》ごまかしてるがウイルスって結局細胞《けっきょくさいぼう》を利用《りよう》して殺《ころ》してるんじゃん
これは敵《てき》
たっ確《たし》かにそういうこともあるけど…
認《みと》めたな
ウイルス滅《ほろ》ぶべし
でっでも！ウイルスを作《つく》るのは宿主《しゅくしゅ》だ！ボクらじゃない！
ブシュ
それは宿主《しゅくしゅ》を騙《だま》してるからでしょうが
ひ〜
ま、まぁ待《ま》つニャ ヒトに感染《かんせん》するウイルスは実《じつ》はほんの一部《いちぶ》!!
地球上《ちきゅうじょう》には何万種類《なんまんしゅるい》いやそれ以上《いじょう》のウイルスがいるのニャ
え！そうなの？
あんなのやこんなの
そしてなかには人《ひと》の役《やく》に立《た》つウイルスもいる！そういった話《はなし》もぜひ知《し》ってほしいのニャ
う、う〜ん確《たし》かにそれは気《き》になる…
お願《ねが》いだよ〜
…仕方ないなぁ

地球上には無数《むすう》のウイルスが存在《そんざい》しています。
それが何万種類《しゅるい》なのか、何十万種類《しゅるい》なのか、正確《せいかく》な数字はわかっていません。
ちなみに現段階《げんだんかい》では、その一部である約《やく》六千種類《しゅるい》のウイルスが確認《かくにん》されています。
そのなかで、ヒトに感染《かんせん》するウイルスはせいぜい数百種《しゅ》。
ほんの一部にすぎません。

当然《とうぜん》のことながら、私《わたし》たちの興味《きょうみ》は、ヒトや家畜《かちく》、農作物などに
病気を起こすウイルスに集中します。
もちろんそれは仕方のないこと。
でも、地球生態系《せいたいけい》という規模《きぼ》で見れば、
私《わたし》たちは広大なウイルスの世界のほんの一部を覗《のぞ》いているにすぎないのです。

これからも次々と新しいウイルスが見つかってくることでしょう。
ウイルスの世界がどれだけ広いかはまだわかっていないのです。

11話　知《し》らなかった！ ウイルスの種類《しゅるい》ハンパない

ウイルスが感染《かんせん》するのは人間《にんげん》だけじゃない
牛《うし》・豚《ぶた》・鶏《とり》といった家畜《かちく》はもちろんキュウリやトマトといった農作物《のうさくぶつ》にもウイルスによる病気《びょうき》がある！ペットとして飼《か》われている犬《いぬ》や猫《ねこ》にもウイルスは感染《かんせん》するニャ
へー
魚《さかな》にも昆虫《こんちゅう》にもバイ菌《きん》にも！ありとあらゆる生物《せいぶつ》にウイルスは感染《かんせん》する
それを利用《りよう》して…
なんと欧米《おうべい》では食中毒《しょくちゅうどく》の原因菌《げんいんきん》を攻撃《こうげき》するウイルスを実際《じっさい》に食品《しょくひん》の抗菌剤《こうきんざい》として使用《しよう》しているのニャ！
食品《しょくひん》のなかにウイルスが!?
食《た》べても大丈夫《だいじょうぶ》なんですか？
大丈夫《だいじょうぶ》ニャ ウイルスは自分《じぶん》のカギ穴《あな》と合《あ》った細胞《さいぼう》にしか感染《かんせん》しない
運命《うんめい》の赤《あか》い糸《いと》だよ！
そっか、じゃあヒトには無害《むがい》で菌《きん》だけ殺《ころ》すのか
このように有害《ゆうがい》な細菌《さいきん》を死滅《しめつ》させるウイルスはむしろ人間《にんげん》を病気《びょうき》から守《まも》ってくれる存在《そんざい》なのニャ！
調子がいい…！
ほかにもウイルスを使《つか》って病原菌《びょうげんきん》だけを狙《ねら》い撃《う》ちするファージ療法《りょうほう》という治療技術《ちりょうぎじゅつ》もロシアや東欧《とうおう》などでは使《つか》われているニャ！
し、知《し》らなかった…
そうか、人間《にんげん》の敵《てき》に感染《かんせん》するウイルスはむしろ味方《みかた》なのか…
ぎゃーっ
えいっ!

ありとあらゆる生物は、ウイルスによる感染《かんせん》を受けると考えられています。
だとすると、人間にとって不都合《ふつごう》な生物、害《がい》をなす生物、
病気をもたらす生物もウイルスによる攻撃《こうげき》を受けているはず。
そのことにいち早く目を付けた先人たちは、
ウイルスを「薬」として利用《りよう》する方法《ほうほう》を発案《はつあん》しました。

ウイルスは決まった相手にしか感染《かんせん》しません。
したがって、標的《ひょうてき》となる有害《ゆうがい》生物だけを
狙《ねら》い撃《う》ちすることができるという仕掛《しか》けです。

すでに米国では、細菌《さいきん》ウイルス（バクテリオファージ）を含《ふく》む抗菌剤《こうきんざい》が
ソーセージなどの加工段階《かこうだんかい》で使用されています。

また今後、医療《いりょう》分野でのウイルス利用《りよう》もさらに一般的《いっぱんてき》になっていくものと思われます。

皆《みな》さんはどうですか。
ウイルスで抗菌《こうきん》されたハムやソーセージに抵抗《ていこう》はないですか？
誰《だれ》しも知らず知らずのうちに相当量《そうとうりょう》のウイルスを日々口にしているわけですから、
今さらそれくらい、という気もしますが・・・。

ソーセージ守るよ！
大事大事

12話　いろんなウイルスを見《み》にいこう！

これで少《すこ》しはわかって もらえたかニャ ウイルスのこと
ボクは悪《わる》い ウイルスじゃ ないんだよ～
うーん、たしかに ちょっと イメージ変《か》わった
疑《うたが》ってごめん 君《きみ》は良《い》い ウイルス なんだね
うん！
うむうむ
どうしてもニュースでは 凶悪《きょうあく》なウイルスの情報《じょうほう》が 優先《ゆうせん》されるけれども
人《ひと》の役《やく》に立《た》つウイルスや 無害《むがい》なウイルスがいることも みんなに知《し》ってもらえたら 嬉《うれ》しいニャ
ヒトとウイルスの共存《きょうぞん》、 そのあるべき姿《すがた》を探《さぐ》るべく ぼくは一人《ひとり》の語《かた》り部《べ》として ここにいるんだからニャ！
博士《はかせ》～
そうですね 興味《きょうみ》出《で》てきました！
うーん、でもやっぱり 宿主《しゅくしゅ》の細胞《さいぼう》を殺《ころ》すって なんかイメージ怖《こわ》いよな～
あ、いや 宿主《しゅくしゅ》の細胞《さいぼう》を 殺《ころ》さない ウイルスもいるニャ
フツーに 共存 してる
そうなの!?
ウイルスには本当《ほんとう》に 色々《いろいろ》な種類《しゅるい》がいる！
よし、じゃあ一緒《いっしょ》に ウイルスたちの いろんな物語《ものがたり》を 見《み》にいこうニャ！
GO!
あ、ゆるーく わかりやすい話《はなし》で お願《ねが》いします

ウイルスは多様です。
ですので、この章で紹介《しょうかい》したウイルスの基本的《きほんてき》な性質《せいしつ》についても例外《れいがい》はたくさんあります。
ただ、それらをいちいち掘《ほ》り下げていると、「ウイルスとはなにものか」という本題が
伝《つた》わりにくくなるので、大幅《おおはば》に簡略化《かんりゃくか》させていただきました。
「ウイルスはガチャポンに入った巻物《まきもの》」・・・デフォルメが入っていますから
科学的《かがくてき》には正確《せいかく》ではないですが、イメージとしては決して間違《まちが》ってません。

というわけで第1章はここまでです。
第2章に進む前に、ウイルスの設計図《せっけいず》（巻物《まきもの》）に
何が書かれているのかを説明《せつめい》するため「マニア編《へん》」を設《もう》けました。

たった4種類《しゅるい》の文字（DNA《ディーエヌエー》だとATGC《エーティージーシー》、RNA《アールエヌエー》だとAUGC《エーユージーシー》）で
書かれた文字列が、なぜ設計図《せっけいず》として機能《きのう》するのか？
それを理解《りかい》していただくためには、少しだけ複雑《ふくざつ》な話をせねばなりません。

もちろん、ゆるさとわかりやすさを優先《ゆうせん》するというこの本の趣旨《しゅし》に配慮《はいりょ》し、
大きくデフォルメを加《くわ》えました。が、正直それでもやや難解《なんかい》かもしれません。
これは難《むずか》しい、無理《むり》、と思われた方は、
躊躇《ちゅうちょ》なくスルーして読み進めていってください。
ではまた第2章で。

マニア編① ウイルスの設計図《せっけいず》となぞの暗号表《あんごうひょう》

あのー 質問《しつもん》なんですが
ウイルス君《くん》が宿主《しゅくしゅ》に渡《わた》した設計図《せっけいず》のATGC《エーティージーシー》って何《なん》なんです？
あれ
ATCGGT CAATAC GCTACT TACCG
確《たし》かに この4文字《もじ》から成《な》る暗号文書《あんごうぶんしょ》 意味不明《いみふめい》すぎ
おおざっぱに いうと
このATGC《エーティージーシー》の文字列《もじれつ》のことを「塩基配列《えんきはいれつ》」というニャ

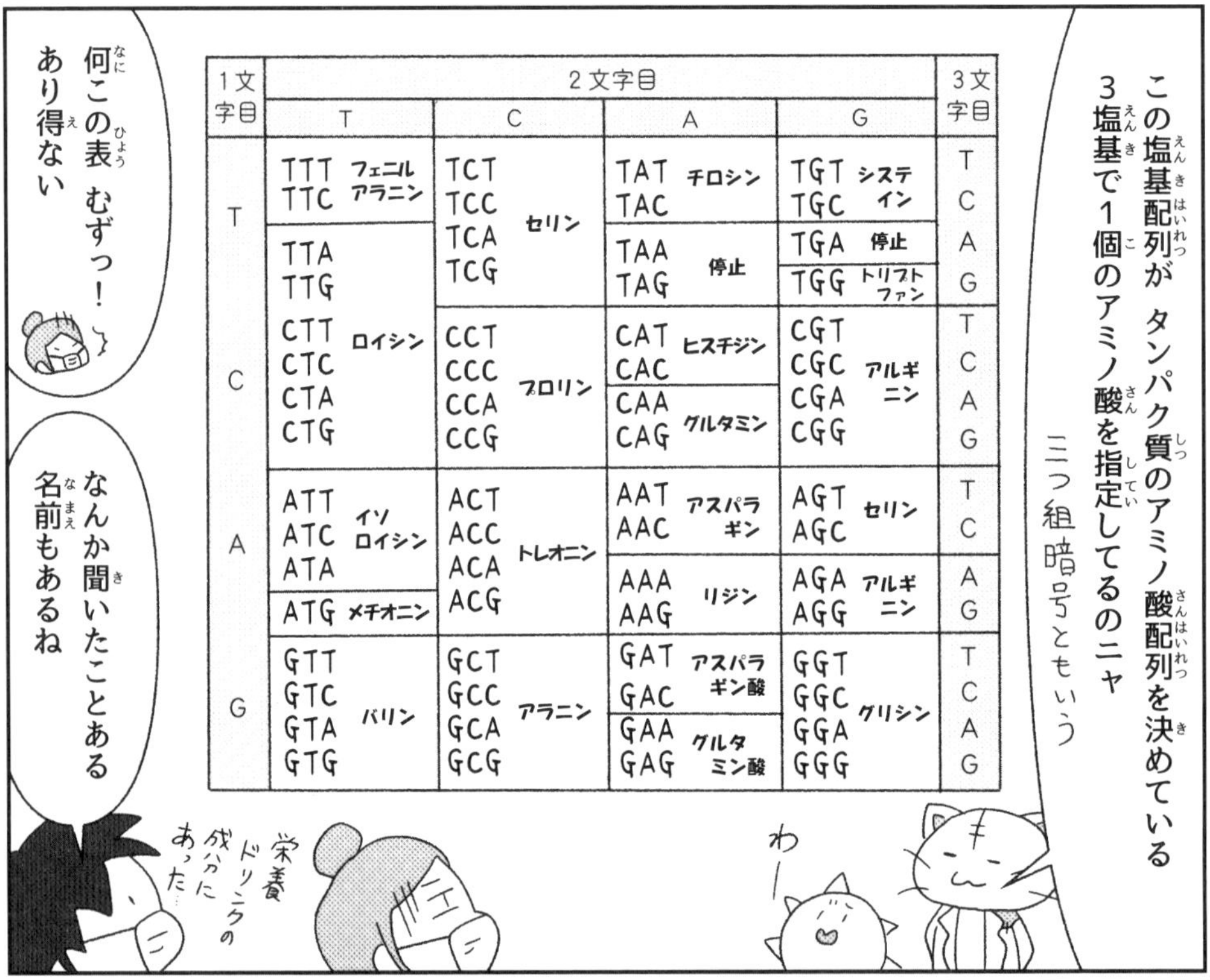

この塩基配列《えんきはいれつ》が タンパク質《しつ》のアミノ酸配列《さんはいれつ》を決《き》めている
3塩基《えんき》で1個《こ》のアミノ酸《さん》を指定《してい》してるのニャ
三つ組暗号ともいう
何《なに》この表《ひょう》 むずっ！ あり得《え》ない
なんか聞《き》いたことある名前《なまえ》もあるね
栄養ドリンクの成分にあった…
わー

1文字目	2文字目				3文字目
	T	C	A	G	
T	TTT TTC フェニルアラニン TTA TTG	TCT TCC TCA TCG セリン	TAT TAC チロシン TAA TAG 停止	TGT TGC システイン TGA 停止 TGG トリプトファン	T C A G
C	CTT CTC CTA CTG ロイシン	CCT CCC CCA CCG プロリン	CAT CAC ヒスチジン CAA CAG グルタミン	CGT CGC CGA CGG アルギニン	T C A G
A	ATT ATC ATA イソロイシン ATG メチオニン	ACT ACC ACA ACG トレオニン	AAT AAC アスパラギン AAA AAG リジン	AGT AGC セリン AGA AGG アルギニン	T C A G
G	GTT GTC GTA GTG バリン	GCT GCC GCA GCG アラニン	GAT GAC アスパラギン酸 GAA GAG グルタミン酸	GGT GGC GGA GGG グリシン	T C A G

ウイルスを研究《けんきゅう》してる人《ひと》たちはこんな表《ひょう》をまるまる覚《おぼ》えてるんですか？
信じられん
いや さすがにこの表《ひょう》をまるまる書《か》ける人《ひと》はそんなにいないと思《おも》うニャー
書けたら自慢できるかも
僕《ぼく》 覚《おぼ》えてみようかな…

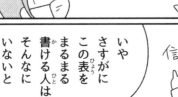

このあたりの話はややこしいので、ざっくりいきますね。

わからなくても大丈夫《だいじょうぶ》。そのときは迷《まよ》わず第2章に進んでください。

まず、A《エー》・T《ティー》・G《ジー》・C《シー》といった文字（塩基《えんき》）は、おもちゃのブロックのようなものだと考えてください。

ブロックを縦《たて》に繋《つな》いでいくことで、

［ATCGTGCGATGCACCT・・・］といった「塩基配列《えんきはいれつ》」ができます。

これを3文字ずつに区切ると、
［ATC／GTG／CGA／TGC／ACC／T・・・］となります。

右ページ2コマ目の表に従《したが》って、各《かく》3文字の塩基配列《えんきはいれつ》にそれぞれ対応《たいおう》するアミノ酸《さん》を置《お》いていくと
［イソロイシン／バリン／アルギニン／システイン／トレオニン・・・］という「アミノ酸配列《さんはいれつ》」になります。

この「塩基配列《えんきはいれつ》→アミノ酸配列《さんはいれつ》」の工程《こうてい》を「翻訳《ほんやく》」といいます。
アミノ酸《さん》が繋《つな》がった長い鎖《くさり》は、
各《かく》アミノ酸《さん》の性質《せいしつ》を反映《はんえい》し独特《どくとく》の立体構造《りったいこうぞう》を作り出します。
これがタンパク質《しつ》です。
アミノ酸配列《さんはいれつ》によってタンパク質《しつ》の構造《こうぞう》は異《こと》なり、
構造《こうぞう》が違《ちが》えば機能《きのう》も違《ちが》ってきます（次ページ参照《さんしょう》）。

Great!
この2行が理解できたキミはエライ!

マニア編② タンパク質《しつ》は立体構造《りったいこうぞう》がキモ

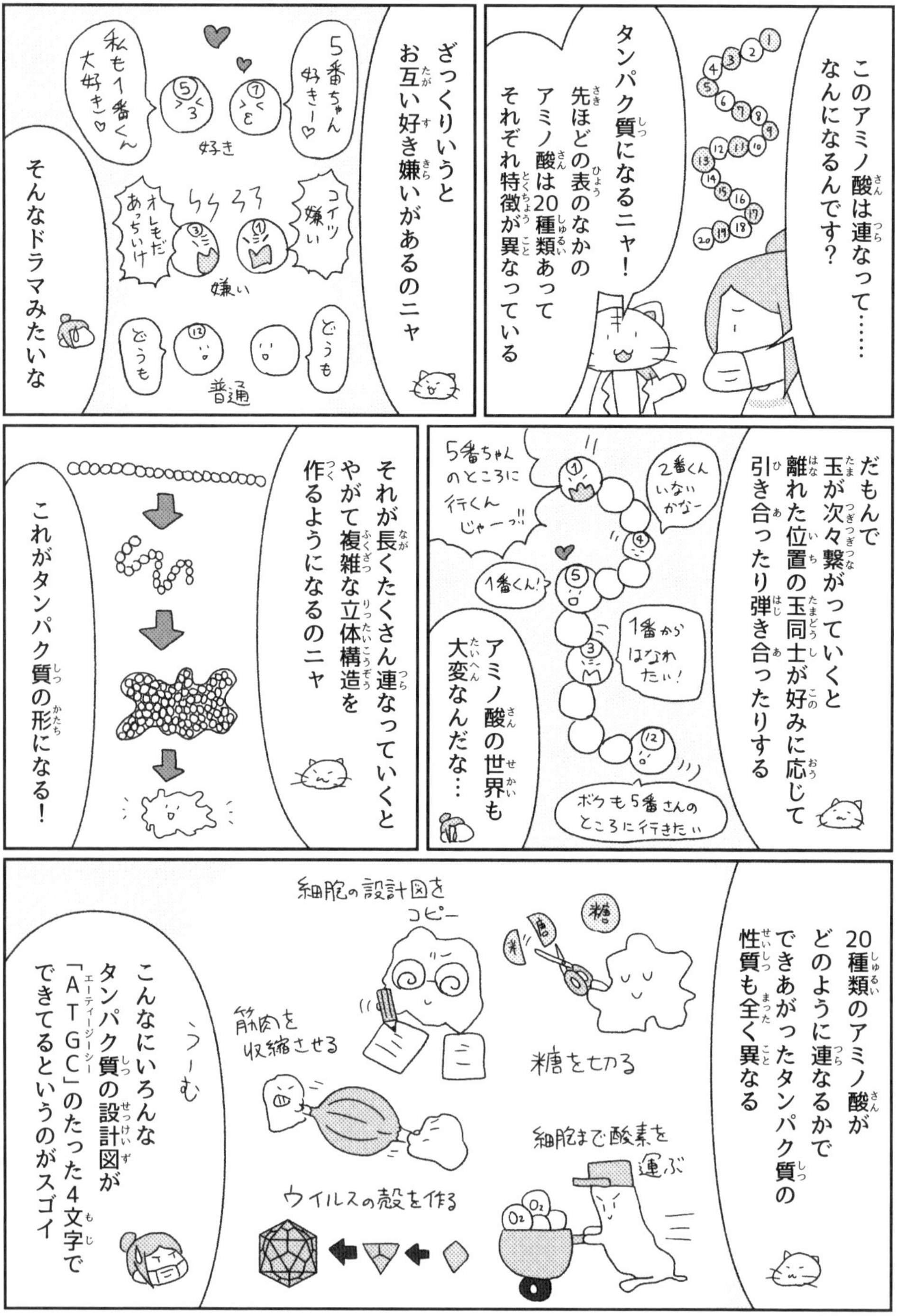
このアミノ酸《さん》は連《つら》なって……
なんになるんです？
タンパク質《しつ》になるニャ！
先《さき》ほどの表《ひょう》のなかの
アミノ酸《さん》は20種類《しゅるい》あって
それぞれ特徴《とくちょう》が異《こと》なっている
ざっくりいうと
お互《たが》い好《す》き嫌《きら》いがあるのニャ
5番ちゃん好きー♡
私も1番くん大好き♡
好き
コイツ嫌い
オレもだ あっちいけ
嫌い
どうも
どうも
普通
そんなドラマみたいな
だもんで
玉《たま》が次々《つぎつぎ》繋《つな》がっていくと
離《はな》れた位置《いち》の玉同士《たまどうし》が好《この》みに応《おう》じて
引《ひ》き合《あ》ったり弾《はじ》き合《あ》ったりする
5番ちゃんのところに行くんじゃーっ!!
2番くんいないかなー
1番くん!
1番からはなれたい!
ボクも5番さんのところに行きたい
アミノ酸《さん》の世界《せかい》も
大変《たいへん》なんだな…
それが長《なが》くたくさん連《つら》なっていくと
やがて複雑《ふくざつ》な立体構造《りったいこうぞう》を
作《つく》るようになるのニャ
これがタンパク質《しつ》の形《かたち》になる！
20種類《しゅるい》のアミノ酸《さん》が
どのように連《つら》なるかで
できあがったタンパク質《しつ》の
性質《せいしつ》も全《まった》く異《こと》なる
細胞の設計図をコピー
糖
糖を切る
筋肉を収縮させる
細胞まで酸素を運ぶ
ウイルスの殻を作る
うーむ
こんなにいろんな
タンパク質《しつ》の設計図《せっけいず》が
「ATGC《エーティージーシー》」のたった4文字《もじ》で
できてるというのがスゴイ

Dr.ニャガサキの

これだけは知っておこう エッセンス

ウイルスの巻物《まきもの》

塩基配列《えんきはいれつ》　ATCGTGCGATGCACCT……

→（ATC ／ GTG ／ CGA ／ TGC ／ ACC ／ T……）

↓ 翻訳《ほんやく》されて…

アミノ酸配列《さんはいれつ》へ

例　イソロイシン ― バリン ― アルギニン ― システイン ― トレオニン ―

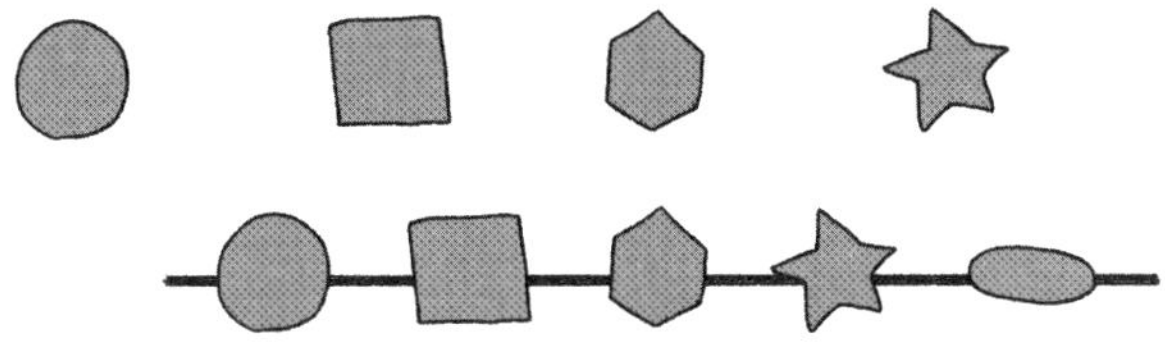

↓ 折《お》りたたまれて…

タンパク質《しつ》へ

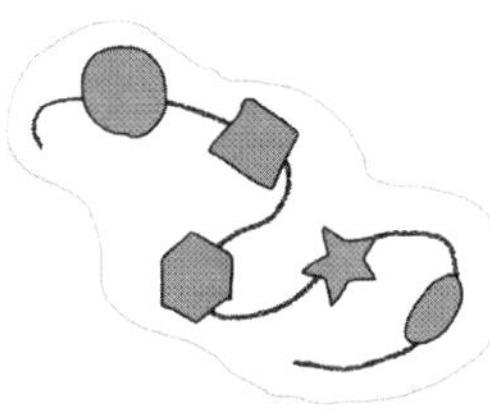

立体構造《りったいこうぞう》をとる

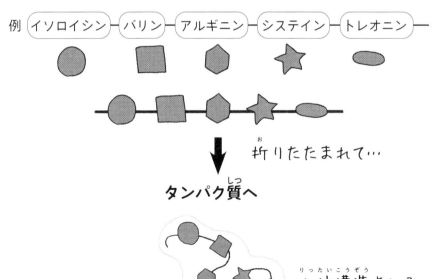

コラム
「風邪《かぜ》とウイルス」

風邪《かぜ》は、のどや鼻の感染症《かんせんしょう》です。ほとんどはウイルスによるもので、これまでに200種類以上《しゅるいいじょう》の風邪《かぜ》ウイルスが知られています。

風邪《かぜ》をひくと、鼻づまり、のどの痛《いた》み、発熱《はつねつ》といった嫌《いや》な症状《しょうじょう》が起こりますが、これらはいずれも異物《いぶつ》に対する免疫《めんえき》の働《はたら》きが活発になっていることを示す「正常なサイン」です。汗腺《かんせん》を閉《と》じ（鳥肌《とりはだ》）、筋肉《きんにく》を振動《しんどう》させ（震《ふる》え）、体内の暖房《だんぼう》機能《きのう》を「強」にして体温を高めることで、ウイルスの繁殖《はんしょく》を抑《おさ》え、逆《ぎゃく》に白血球《はっけっきゅう》などの免疫細胞《めんえきさいぼう》の働《はたら》きを促進《そくしん》しているのです。

毎年のように変異《へんい》した風邪《かぜ》ウイルスが出現《しゅつげん》するため、風邪《かぜ》ワクチンの開発《かいはつ》は難《むずか》しいと考えられています。ですが、新型《しんがた》コロナで手洗《てあら》いやうがい等《など》が習慣《しゅうかん》化《か》してきた今、インフルエンザ同様に風邪《かぜ》の患《かん》者数《じゃすう》も大きく減《へ》るのではないでしょうか。

しんどいけど
体も頑張ってる…
38.5℃

第2章

自然界のウイルス
エトセトラ

13話　こんなにたくさん! ウイルスの種類《しゅるい》

「ウイルス」の大きさはどのくらいでしょう?

これまでに見つかっている最小《さいしょう》のウイルス（肝炎《かんえん》ウイルス）は約《やく》20ナノメートル※、
最大《さいだい》のウイルス（アメーバ感染性《かんせんせい》ピソウイルス）は約《やく》2000ナノメートル。
同じウイルスでも、サイズが100倍違《ちが》うということがわかります。
一辺の長さが100倍違《ちが》うということは、立体にすると100×100×100倍、
つまり100万倍近く体積《たいせき》が違《ちが》うということになります。

巻物《まきもの》の長さ、すなわち設計図《せっけいず》のサイズで比較《ひかく》しても大小かなり差《さ》があります。
最小《さいしょう》のものが約《やく》2000文字、最大《さいだい》のものが約《やく》250万文字。
やはり1000倍くらい違《ちが》いますね。

ウイルスは形も様々。正二十面体構造《こうぞう》もあれば、
レモン型《がた》、壺型《つぼがた》、ボトル型《がた》、宇宙船型《うちゅうせんがた》（月着陸船型《つきちゃくりくせんがた》）など、その形態《けいたい》は驚《おどろ》くほど多様です。
科学者たちは、これらをひとまとめにして「ウイルス」と呼《よ》んでいます。
いずれのウイルスも「自分だけの力では複製《ふくせい》できないが、
宿主《しゅくしゅ》の力を借《か》りれば複製《ふくせい》できる」という点が共通《きょうつう》しています。

※1ナノメートル＝100万分の1ミリメートル

14話　細菌《さいきん》のウイルス　見《み》た目《め》は宇宙船《うちゅうせん》

この宇宙船《うちゅうせん》みたいなウイルス
バクテリオファージっていうんでしょ
そう！　この子《こ》は見《み》た目《め》も
機能《きのう》もすごいのニャ！
さすが男子！
まず頭《あたま》の部分《ぶぶん》に設計図《せっけいず》が入《はい》っていて
下《した》の方《ほう》には足《あし》のようなものがあるニャ
え、これで
歩《ある》いたりするの？
さすがにそれは
しないけれど…
でもこの足《あし》は宿主《しゅくしゅ》である
細菌《さいきん》にくっつくときに
役立《やくだ》つのニャ
おお
細菌《さいきん》にくっついた
ファージは座《すわ》り込《こ》んで
よっこらしょ
注射針《ちゅうしゃばり》のような
ものを突《つ》き刺《さ》し
自分《じぶん》の設計図《せっけいず》を
細胞《さいぼう》のなかに
打《う》ち込《こ》んだニャ！
えいっ
プス
そして自分を
増やしてもらう
驚《おどろ》いたことに吸着《きゅうちゃく》、座《すわ》り込《こ》み、
設計図《せっけいず》の注入《ちゅうにゅう》、すべてのプロセスは
自動《じどう》で行《おこな》われる
まさに自然《しぜん》の生《う》み出《だ》した
注射器《ちゅうしゃき》といえる存在《そんざい》ニャ！
エネルギーはいらニャイ
かっこいい〜
でもさ〜
やってること自体《じたい》は
なかなかエグくない？
ボクもそう思《おも》う
たしかに
究極のナノマシーン

細菌《さいきん》に感染《かんせん》するウイルスをバクテリオファージと呼《よ》びます。
そのなかでも特《とく》によく研究されているのが、
宇宙船《うちゅうせん》（月着陸船《つきちゃくりくせん》）のような形をしたT4《ティーフォー》ファージと呼《よ》ばれるウイルスです。
T4ファージは、頭部《とうぶ》・尾部《びぶ》・尾毛《びもう》から成《な》り、
まるで宇宙《うちゅう》から来た生物のようにも見えます。

このファージは機能性《きのうせい》に富《と》んでおり、
尾毛《びもう》の先端《せんたん》が宿主細胞《しゅくしゅさいぼう》の標的分子《ひょうてきぶんし》にくっつくや否《いな》や、
自動的《じどうてき》に設計図《せっけいず》注入モードに入ります。

まず宿主《しゅくしゅ》の表面に穴《あな》を開け、続《つづ》いて自身の設計図《せっけいず》を細胞内《さいぼうない》に注入します。
一見、力技《ちからわざ》のように思えますが、この過程《かてい》は一切の動力を必要《ひつよう》としません。
タンパク質同士《しつどうし》が織《お》りなす「からくり人形的《にんぎょうてき》なねじり込《こ》みの動き」が、
このような設計図《せっけいず》の自動注入を可能《かのう》にしています。
T4ファージは巧妙《こうみょう》に設計《せっけい》された「天然《てんねん》の注射器《ちゅうしゃき》」といってもいいかもしれません。

細菌《さいきん》にとっては、
まわりに自分を狙《ねら》っている高性能《こうせいのう》の注射器《ちゅうしゃき》が
プカプカ漂《ただよ》ってるという状況《じょうきょう》は、
あまり気持ちの良《よ》いものではないかもしれませんね。

15話 あちらにも、あらこちらにもウイルスが

いろんなウイルスがいるというのは わかったけど ウイルスって どういう場所《ばしょ》にいるんです?
今《いま》しゃべってる 君《きみ》らの口《くち》のなかにも ウイルスが いっぱいニャ!
クス
嘘《うそ》!? うがいしたのに!?
今《いま》口《くち》をふさいだ その手《て》のひらにも…
ふだんの食事《しょくじ》のなかにも もちろんいる
フフフ…
ギャーッ
安心《あんしん》するニャ そういうのは 人間《にんげん》の健康《けんこう》には影響《えいきょう》しない 「無害《むがい》なウイルス」なのニャ
LOVE& PEACE
よ、よかった…
おどかさないで…
人間《にんげん》の体内《たいない》にも ウイルスはたくさんいる とくに腸《ちょう》のなかには 多《おお》く存在《そんざい》してるニャ
まじか
彼《かれ》らは常在菌《じょうざいきん》の バランスを調節《ちょうせつ》したり、 病原菌《びょうげんきん》をやっつけたり、 すごく活躍《かつやく》しているニャ
腸内細菌のバランスの崩れ
便秘
肌荒れ
老化
不安感増大
腸内細菌《ちょうないさいきん》の バランスって そんなに重要《じゅうよう》なんだ
ウイルス やるじゃん
ビタミンの合成《ごうせい》や 免疫機能《めんえききのう》を 高《たか》めるのにも 重要《じゅうよう》なんだって
now Googling
えっへん

ウイルスは、およそ生命のあるところなら
大気圏《たいきけん》・水圏《すいけん》・地下圏《ちかけん》のどこにでも存在《そんざい》します。
私《わたし》たちの皮膚《ひふ》や口のなか、あるいは腸内《ちょうない》にもたくさんのウイルスがいます。

体重60キログラムの成人《せいじん》の腸内《ちょうない》には、
約《やく》1・5キログラムというとんでもない量《りょう》の細菌《さいきん》（腸内細菌《ちょうないさいきん》）が存在《そんざい》しています。
これに共存《きょうぞん》する形で膨大量《ぼうだいりょう》のファージ（ウイルス）が存在《そんざい》し、
腸内《ちょうない》の細菌叢《さいきんそう》※（バランス）を整えているというわけです。

腸内細菌《ちょうないさいきん》は、消化酵素《しょうかこうそ》で分解《ぶんかい》されないオリゴ糖《とう》や食物繊維《しょくもつせんい》といった分子を分解《ぶんかい》し、
有用物質《ゆうようぶっしつ》（短鎖脂肪酸《たんさしぼうさん》）を作り出してくれます。
最近《さいきん》の研究により、
こうした有用物質《ゆうようぶっしつ》が脳《のう》の機能調整《きのうちょうせい》や修復《しゅうふく》に関与《かんよ》していることがわかってきました。
ということは、腸内《ちょうない》のウイルスは間接的《かんせつてき》に
脳《のう》の活動を調節《ちょうせつ》してくれているということになるのかもしれません。

私《わたし》たちのお腹《なか》のなかに、脳《のう》の活動に欠《か》かせないおびただしい数のウイルスがいると思うと
なんだか不思議《ふしぎ》ですね。

※いろいろな細菌種から成る集まりのこと。

16話　海洋《かいよう》のウイルス繋《つな》げば宇宙《うちゅう》に届《とど》く

じゃあ海《うみ》とか池《いけ》にもウイルスっているんですか
もちろん
コップ一杯《いっぱい》の海水《かいすい》のなかには何十億《なんじゅうおく》というウイルスが存在《そんざい》するニャ!
何十億《なんじゅうおく》!?
小《ちい》さいころ海水浴《かいすいよく》で海水《かいすい》を飲《の》んじゃったけど大丈夫《だいじょうぶ》ですか?
十年後に発病とか
この中に世界の人口並みにボクらがいるのか
ツ
海《うみ》のウイルスは無害《むがい》なので大丈夫《だいじょうぶ》!
よかった〜
人間《にんげん》に感染《かんせん》しないウイルスなら億単位《おくたんい》で飲《の》んでも影響《えいきょう》ないんだね
ちなみにもし海《うみ》のなかのウイルスを全部《ぜんぶ》集《あつ》めて一列《いちれつ》に並《なら》べることができたら…
列を乱すな〜
一つ一つは小さい
ニャンとそれは遠《とお》い宇宙《うちゅう》の銀河《ぎんが》まで届《とど》くほどの長《なが》さになるのニャ!
ええ〜!? 本当《ほんとう》ですか!? ウイルスすごっ
他の銀河
太陽系
地球
ボクたちすごっ
そっかーウイルスってごくフツーに自然界《しぜんかい》にわんさかいるんだな〜
つまりボクらが集まれば宇宙を支配できる!?
やめい

1989年、ノルウェーの研究グループが
1ミリリットルの海水に数千万から数億《すうおく》個《こ》のウイルス粒子《りゅうし》が含《ふく》まれているという事実を発見。

この報告《ほうこく》に世界中の生物学者たちは驚《おどろ》きました。

透明《とうめい》な海水・・・そのなかに存在《そんざい》する膨大《ぼうだい》な量《りょう》のウイルス。

彼《かれ》らは果《は》たして何をしているのか、どんな役割《やくわり》を持っているのか。

多くの研究者がこのなぞに挑《いど》むべく水圏《すいけん》ウイルスの研究を開始しました。

地球上に存在《そんざい》する海水の量《りょう》は、約《やく》14億《おく》立方キロメートル。
1ミリリットルのなかに（控《ひか》えめにみて）100万個《こ》のウイルスがいるとすると、
全体で10の30乗個《じょうこ》のウイルスが全海洋に存在《そんざい》していることになります。

ただし、ここで計数されたウイルスは大型《おおがた》のDNA《ディーエヌエー》ウイルスだけと考えられるので、
小さすぎて計数されなかったウイルスの存在《そんざい》を含《ふく》めると、
実際《じっさい》のウイルスの個数《こすう》はそれよりもはるかに多いことになります。

後述《こうじゅつ》しますが、これらのウイルスは海の生態系《せいたいけい》をコントロールするうえで
重要《じゅうよう》な働《はたら》きを担《にな》っています。
ヒトの腸内環境《ちょうないかんきょう》がそうであるのと同じように、
生物バランスの調整役としてウイルスは欠《か》かせないということです。

17話　赤潮《あかしお》を抑《おさ》えてくれるウイルスたち

海《うみ》のウイルスはやっぱり海《うみ》の生《い》き物《もの》に感染《かんせん》するんですか？
いい質問《しつもん》だニャ！海《うみ》のウイルスの大部分《だいぶぶん》は海洋細菌《かいようさいきん》に感染《かんせん》するバクテリオファージで占《し》められている
あらゆる生物《せいぶつ》にウイルスは感染《かんせん》する君《きみ》たちは赤潮《あかしお》って何《なに》か知《し》っているかニャ？
赤潮
たしかプランクトンが大量増殖《たいりょうぞうしょく》して魚《さかな》を殺《ころ》すとか…
わぁ
その通《とお》り！赤潮《あかしお》は微小《びしょう》なプランクトンが大量《たいりょう》に増《ふ》えて海《うみ》や湖《みずうみ》が色《いろ》づいて見《み》える現象《げんしょう》ニャ 赤潮《あかしお》で魚《さかな》や貝《かい》が死《し》ぬこともある！
赤潮《あかしお》の種類《しゅるい》によっては魚介類《ぎょかいるい》の養殖《ようしょく》に何十億円《なんじゅうおくえん》という被害《ひがい》が出《で》ることもある
息ができない
エラがつまる
そんなに？
南米のチリでは何千億円という被害例が出た
赤潮《あかしお》って怖《こわ》いんだね
しかーし！実《じつ》はある種《しゅ》の赤潮《あかしお》プランクトンにはウイルスが感染《かんせん》する！
赤潮プランクトン
OK!
ウイルス感染
ウイルス放出
ペロ
ヘロヘロ
これらは赤潮《あかしお》を抑《おさ》えていると考《かんが》えられているのニャ！
え、ウイルスすごっ！
ウイルスを使《つか》った赤潮防除《あかしおぼうじょ》とかできないのかしら？
全滅《ぜんめつ》させるのは難《むずか》しいニャー
さすがに

赤潮《あかしお》にもいろんな種類《しゅるい》があり、色調も様々、
また魚介類《ぎょかいるい》への有害性《ゆうがいせい》も種類《しゅるい》によって異《こと》なります。
赤潮《あかしお》を引き起こすプランクトンは数十種類《すうじっしゅるい》にも及《およ》ぶといわれます。
赤潮《あかしお》プランクトンに感染《かんせん》するウイルスが見つかったのは1990年代の初《はじ》め。
終息期《しゅうそくき》のプランクトン細胞内《さいぼうない》を電子顕微鏡《でんしけんびきょう》で覗《のぞ》いてみたところ、
たくさんの正二十面体粒子《りゅうし》（ウイルス）が観察《かんさつ》されました。

なるほど。

では、ウイルスは赤潮《あかしお》を退治《たいじ》するための決定打になるのでしょうか？

「なぞのウイルスを赤潮《あかしお》の海にばら撒《ま》くとあら不思議《ふしぎ》・・・みるみるきれいになっていく。」

そんな夢《ゆめ》のような技術《ぎじゅつ》が叶《かな》えられるとしたら、
ウイルスは水産業《すいさんぎょう》の強い味方になるかもしれません。

しかし、生物対ウイルスの関係《かんけい》はそれほど単純《たんじゅん》なものではないようです。
わかりやすい例《れい》として
繁殖《はんしょく》しすぎたウサギをある種《しゅ》のウイルスで駆除《くじょ》しようとした事例《じれい》を33話で紹介《しょうかい》しました。
あとで読んでみてください。

18話 ウイルスがプランクトンの若《わか》さを保《たも》つ?

もう一《ひと》つ、海《うみ》のウイルスは
微生物《びせいぶつ》の若《わか》さを保《たも》つのにも
一役買《ひとやくか》っているのニャ
若《わか》さを保《たも》つ!?
そこを詳《くわ》しく!
ぜひ!
海《うみ》の生態系《せいたいけい》は
このようなピラミッド
ココ
植物プランクトン
(珪藻類など)
肉食プランクトン
小魚
魚
多い
少ない
注目《ちゅうもく》して欲《ほ》しいのは
この「珪藻類《けいそうるい》」
主要植物《しゅようしょくぶつ》プランクトンの
珪藻《けいそう》は 光条件《ひかりじょうけん》がいいと
どんどん分裂《ぶんれつ》して増殖《ぞうしょく》する
そうすると珪藻《けいそう》を食《た》べる
動物《どうぶつ》プランクトンが集《あつ》まって育《そだ》つ…
次《つぎ》に動物《どうぶつ》プランクトンを食《た》べる
小魚《こざかな》が…このように珪藻《けいそう》の増殖《ぞうしょく》は
海《うみ》の豊《ゆた》かさを決《き》めるカギになるのニャ
珪藻土《けいそうど》マットとかの
イメージしかなかった…
そんなに重要《じゅうよう》なものだったとは
しかし、珪藻《けいそう》の群《む》れのなかに
うまく分裂《ぶんれつ》できなくなった
細胞《さいぼう》が現《あらわ》れることがあるのニャ
ダメじゃ〜
この弱《よわ》った細胞《さいぼう》にだけウイルスは襲《おそ》い掛《か》かる
これは一見悲惨《いっけんひさん》なことのように見《み》えるけれど
えいっ
ひー
楢山節考〜
君は元気だからいいや
?
その結果《けっか》 珪藻《けいそう》の群《む》れには
常《つね》に元気《げんき》な若《わか》い細胞《さいぼう》が
残《のこ》ることになる
ドクターフィッシュみたいだね
感染《かんせん》して死《し》んだ細胞《さいぼう》は細菌《さいきん》に
分解《ぶんかい》されて若《わか》い細胞《さいぼう》の
栄養《えいよう》となるのニャ
間接的にですがいただきます
うーん 残酷《ざんこく》なような
建設的《けんせつてき》なような
群《む》れ全体《ぜんたい》にとっては
きっといいことなのかな
人間にも老いた細胞だけ除いてくれるウイルスがあればいいのに

すべての生物はエネルギーを必要《ひつよう》としています。
そのエネルギーのおおもとが何かというと、「太陽光」です。
お日様の光をどうやってエネルギーに変《か》えているのでしょう。

光合成《こうごうせい》は、光エネルギーを〝あらゆる生物が利用可能《りようかのう》な化学エネルギー〟に変換《へんかん》する魔法《まほう》のような反応《はんのう》です。
光合成《こうごうせい》で作られる糖《とう》（砂糖《さとう》や小麦粉《こむぎこ》をイメージしてください）のなかには、
化学エネルギーがたっぷり詰《つ》まっています。
この反応《はんのう》を行うのは、主に植物や藻類《そうるい》などです。

珪藻《けいそう》は海洋における光合成《こうごうせい》の約《やく》半分を担《にな》う藻類《そうるい》の主要《しゅよう》グループで、やはりウイルスによる感染《かんせん》を受けます。
興味深《きょうみぶか》いことに、どんどん分裂《ぶんれつ》しているフレッシュな細胞《さいぼう》はウイルスに対して耐性《たいせい》なのですが、
衰《おとろ》えてきた細胞《さいぼう》はウイルスによって選択的《せんたくてき》に分解《ぶんかい》されます。

つまり、ウイルスは珪藻《けいそう》個体群《こたいぐん》から「老《お》いた細胞《さいぼう》」を選《えら》んで除去《じょきょ》しているということになります。
分解《ぶんかい》された珪藻《けいそう》の栄養分《えいようぶん》は周囲《しゅうい》の細菌《さいきん》によってさらに分解《ぶんかい》され、
再度《さいど》、フレッシュな珪藻細胞《けいそうさいぼう》に提供《ていきょう》（リサイクル）されます。
このようにしてウイルスは、珪藻《けいそう》の「群《む》れとしての増殖《ぞうしょく》」を結果的《けっかてき》に助けていると考えられます。
今夜の夕餉《ゆうげ》のお刺身《さしみ》は、もしかしたら珪藻《けいそう》ウイルス様のお陰《かげ》かもしれません（3コマ目参照《さんしょう》）。

19話　世界《せかい》のウイルス大《おお》きさコンテスト

とにかくウイルスはすごく小《ちい》さくてどこにでもいるってことか…
いや！小《ちい》さいだけではないのニャ！
今世紀《こんせいき》に入《はい》って細胞《さいぼう》くらい大《おお》きなウイルスも見《み》つかってるニャ
デカイ！
細胞
これはアメーバに感染《かんせん》するミミウイルス
毛《け》むくじゃら！
そのあとに見《み》つかった壺型《つぼがた》ウイルスでは設計図《せっけいず》の文字数《もじすう》がなんと約《やく》250万《まん》！
250万文字
KING!
2000文字ほど
パンドラウイルス
小《ちい》さなウイルスだとせいぜい2000文字《もじ》だったよな…その1000倍《ばい》大《おお》きいってこと？
正解《せいかい》！これが今《いま》の世界記録《せかいきろく》ニャ
2021
どんどん新《あたら》しいものが発見《はっけん》されるうちウイルスの専門家《せんもんか》たちもそれまでの常識《じょうしき》が全《まった》く通《つう》じないことを思《おも》い知《し》ったんニャ
ウイルス設計図文字数ランキング
（万）
デカい！
巨大《きょだい》ウイルスランキング上位《じょうい》100なんていうウェブページもある！
なんかかわいい名前《なまえ》が多《おお》いのね
この表作《ひょうつく》るのめっちゃ楽《たの》しそう
メメウイルスはつげ先生？

	ウイルス名	文字数
1	パンドラウイルス-S	247
2	パンドラウイルス-D	191
3	メガウイルス	126
4	ママウイルス	119
5	ミミウイルス	118
6	モウモウウイルス	102

2003年にアメーバに感染《かんせん》する「ミミウイルス」という巨大《きょだい》ウイルスが発見されました。

そのサイズは、その時点で知られていた最大《さいだい》のウイルスの倍以上《いじょう》。

設計図《せっけいず》のサイズに至《いた》っては一部の細菌《さいきん》のそれをはるかに上回る大きさでした。

この毛むくじゃらで異様《いよう》な大型《おおがた》ウイルスの登場で、
ウイルス研究の世界が少なからず揺《ゆ》らいだことは認《みと》めざるを得《え》ません。

ウイルスの概念《がいねん》そのものを変《か》えた大発見でした。

しかし、サプライズは終わりませんでした。
海水、淡水《たんすい》、塩湖《えんこ》、永久凍土《えいきゅうとうど》などから次々と、
ミミウイルスをはるかに超《こ》えるサイズの
多様な形態《けいたい》を持ったアメーバ感染性《かんせんせい》ウイルスが見つかってきたのです。
見たこともない楕円形《だえんけい》の壺型《つぼがた》ウイルス、風船型《ふうせんがた》ウイルス、太鼓《たいこ》のバチのようなウイルス。
まさに巨大《きょだい》ウイルスの見本市です。

アメーバは、細菌《さいきん》や生物の死骸《しがい》などを取り込《こ》んで栄養《えいよう》にするのですが、
その際《さい》にこうしたウイルスを同時に飲み込《こ》んでしまい
感染《かんせん》を受けるということがわかっています。
アメーバにしてみれば、周囲《しゅうい》には栄養豊《えいようゆた》かな餌《えさ》とともに、
こうした「毒《どく》マンジュウ」が結構《けっこう》な確率《かくりつ》で混《ま》じっているということなのでしょうか。

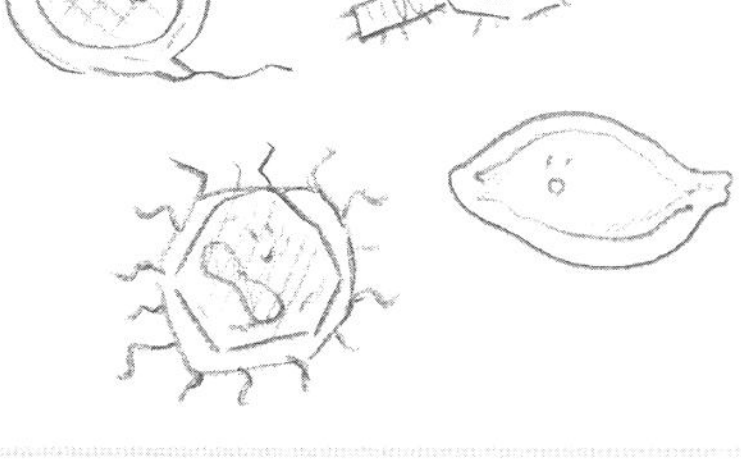

20話　熱《あつ》くても塩辛《しおから》くてもウイルスはいる

さて、じゃあちょっと変《か》わったウイルスを紹介《しょうかい》するニャ
ここまででも十分変《じゅうぶんか》わったウイルスが出《で》てきたけど…
地球上《ちきゅうじょう》に存在《そんざい》する生物《せいぶつ》は三《みっ》つのグループに分《わ》けられる
すべての生物の共通祖先
細菌
古細菌
真核生物
フリーの細菌
アーキア
われわれ
古細菌《こさいきん》って初《はじ》めて聞《き》いた
古細菌《こさいきん》は、メチャ熱《あつ》い！メチャしょっぱい！メチャ酸性《さんせい》！ みたいな「極限環境《きょくげんかんきょう》」で見《み》つかる微生物《びせいぶつ》のグループなのニャ
温泉の源泉とか
酸性湯
塩田など
ナゾすぎるでしょなんだそいつら
ちなみに90度《ど》の温泉《おんせん》から見《み》つかった古細菌《こさいきん》を宿主《しゅくしゅ》とするウイルスが こちらニャ
90度《ど》!?
ウイルスってそんなとこにもいるの!?
インフルエンザウイルスなんて我々《われわれ》に高熱《こうねつ》を出《だ》させて殺《ころ》そうとしません？
このウイルスにとっては40度《ど》は超低温《ちょうていおん》だろうニャ
う〜ん
う〜ん
それは別の話
ちなみにこのウイルスは細胞《さいぼう》の外《そと》に出《で》てから全自動《ぜんじどう》で変形《へんけい》するというめっちゃ珍《めずら》しい性質《せいしつ》を持《も》つ
電池不要!!
レモン型
伸びて
からの一
糸巻き型
全自動変形《ぜんじどうへんけい》ウイルス！かっこいいな〜
からくり人形!?

※発熱は免疫反応の一つ（38ページ参照）

地球上には様々な生物が存在《そんざい》していますが、元をたどれば一つの生命体に行き着きます。
ヒトもアメーバも大腸菌《だいちょうきん》も、すべて遠い昔に一つの生命体からスタートし
分かれてきた仲間《なかま》なんだと聞くと、ちょっと不思議《ふしぎ》な気分になりますね。

地球上に現存《げんそん》する生物は、①細菌《さいきん》、②古細菌《こさいきん》、③真核生物《しんかくせいぶつ》の3タイプに分けられます。
①は私《わたし》たちになじみの深い細菌類《さいきんるい》です。
②は、温泉《おんせん》とか塩湖《えんこ》とか、主にあまり生物がいそうにない過酷《かこく》な環境《かんきょう》に分布《ぶんぷ》している微生物《びせいぶつ》です。
③には、動植物やアメーバ・プランクトンなど様々な生物が含《ふく》まれます。

右の漫画《まんが》に登場するウイルスは、
酸性《さんせい》の高温環境《かんきょう》に棲息《せいそく》する古細菌《こさいきん》を宿主《しゅくしゅ》とします。
感染《かんせん》を受けた古細菌細胞《こさいきんさいぼう》から放出されたウイルスは、最初《さいしょ》はレモン型《がた》なのですが、
やがて自動変形《へんけい》して両端《りょうたん》が伸《の》びていき、
次の宿主《しゅくしゅ》に感染《かんせん》できる状態《じょうたい》になります。
この変形《へんけい》は全自動で行われ、外からエネルギーを与《あた》える必要《ひつよう》はありません。
なんとも不思議《ふしぎ》なウイルスですね。

21話　ウイルスは宿主《しゅくしゅ》の設計図《せっけいず》に潜《もぐ》り込《こ》む

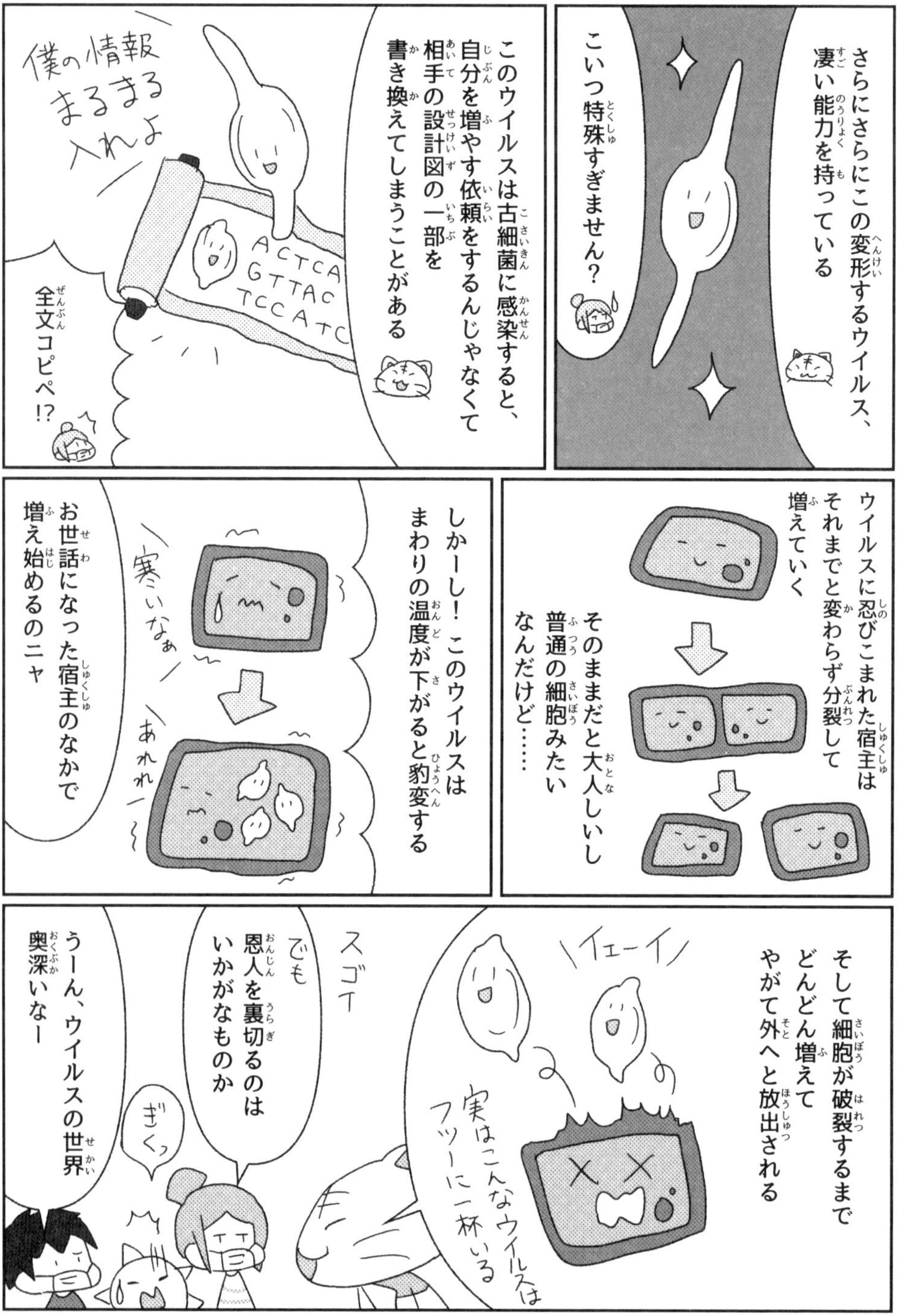
さらにさらにこの変形《へんけい》するウイルス、凄《すご》い能力《のうりょく》を持《も》っている
こいつ特殊《とくしゅ》すぎません？
このウイルスは古細菌《こさいきん》に感染《かんせん》すると、自分《じぶん》を増《ふ》やす依頼《いらい》をするんじゃなくて相手《あいて》の設計図《せっけいず》の一部《いちぶ》を書《か》き換《か》えてしまうことがある
僕の情報まるまる入れよ
ACTCA
GTTAC
TCCATC
全文《ぜんぶん》コピペ!?
ウイルスに忍《しの》びこまれた宿主《しゅくしゅ》はそれまでと変《か》わらず分裂《ぶんれつ》して増《ふ》えていく
そのままだと大人《おとな》しいし普通《ふつう》の細胞《さいぼう》みたいなんだけど……
しかーし！ このウイルスはまわりの温度《おんど》が下《さ》がると豹変《ひょうへん》する
寒いなぁ
あれれ
お世話《せわ》になった宿主《しゅくしゅ》のなかで増《ふ》え始《はじ》めるのニャ
そして細胞《さいぼう》が破裂《はれつ》するまでどんどん増《ふ》えてやがて外《そと》へと放出《ほうしゅつ》される
イェーイ
実はこんなウイルスはフツーに一杯いる
スゴイ
でも恩人《おんじん》を裏切《うらぎ》るのはいかがなものか
ぎくっ
うーん、ウイルスの世界《せかい》奥深《おくぶか》いなー

前話で示《しめ》した「全自動変形《へんけい》ウイルス」はもう一つの特技《とくぎ》を持ちます。
それは宿主《しゅくしゅ》に感染《かんせん》した後に、
自らの設計図《せっけいず》をまるごと宿主《しゅくしゅ》の設計図《せっけいず》中に潜《もぐ》り込《こ》ませ、
そのまま潜《ひそ》み続《つづ》けるという技《わざ》です（パソコンの操作《そうさ》時のコピー&《アンド》ペーストのイメージです）。
この状態《じょうたい》になると、ウイルスは宿主《しゅくしゅ》が分裂《ぶんれつ》するたび、
倍々に増《ふ》えていくことになります。

実はこうした特技《とくぎ》を持つウイルスはたくさんいます。
しかし、周囲《しゅうい》の環境《かんきょう》が宿主細胞《しゅくしゅさいぼう》にとって厳《きび》しい状態《じょうたい》になると、
沈没《ちんぼつ》する船からネズミが逃《に》げ出すがごとく、ウイルスはあっさりと宿主《しゅくしゅ》を見捨《みす》てます。
それまで大人しくしていたウイルスの増殖《ぞうしょく》スイッチがオンになり、
宿主細胞《しゅくしゅさいぼう》工場の機能《きのう》を利用《りよう》して大量《たいりょう》のウイルス粒子《りゅうし》を生産《せいさん》します。
こうした現象《げんしょう》は、紫外線《しがいせん》や抗生物質《こうせいぶっしつ》にさらされること、
あるいは温度条件《じょうけん》の変化《へんか》などによって引き起こされます。
宿主《しゅくしゅ》にしてみたら、住まわせてやっていた店子《たなこ》に裏切《うらぎ》られたようなものですね。

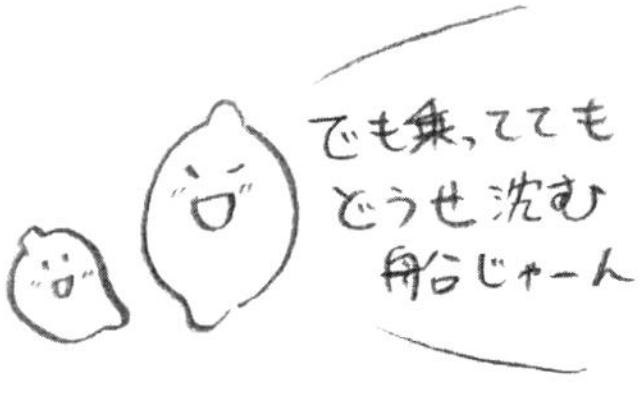
でも乗っててもどうせ沈む船じゃーん

22話　恐怖《きょうふ》！ 昆虫《こんちゅう》たちの"寄生《きせい》"という戦略《せんりゃく》

次《つぎ》は世《よ》にも珍《めずら》しいウイルスが昆虫《こんちゅう》に使《つか》われるという話《はなし》を紹介《しょうかい》するニャ
ウイルスが使《つか》われる…？
どちらかというと相手《あいて》を利用《りよう》してる側《がわ》じゃないの？
これはなかなかエグい物語《ものがたり》
えいっ
いてっ
プスッ
コマユバチというハチはガの幼虫《ようちゅう》（イモムシ）の体内《たいない》に卵《たまご》を産《う》みつける
ハチの幼虫《ようちゅう》はイモムシの体内《たいない》でぬくぬくと育《そだ》ちやがて大《おお》きくなるとイモムシの体《からだ》から出《で》てくる
なんか体が重い
ごちそうさまでした
怖《こわ》っ!!
体《からだ》のなかを食《く》われるとかホラー映画《えいが》じゃん！
でも、イモムシの体《からだ》にも外《そと》から入《はい》ってきた異物《いぶつ》を排除《はいじょ》する仕組《しく》みはあるんじゃないですか？
うむ、そこがポイントだニャ実《じつ》は最近《さいきん》になって興味深《きょうみぶか》い事実《じじつ》が明《あき》らかとなった
ナイス質問！
なんとこのハチ卵《たまご》と一緒《いっしょ》にウイルスを産《う》みつけてイモムシの体内環境《たいないかんきょう》をコントロールしていることがわかったのニャ
卵《たまご》と一緒《いっしょ》にウイルスを？
やあ
ウイルスでもってイモムシの体内《たいない》を制御《せいぎょ》するってどういうこと？
つづく

生物の世界では、寄生《きせい》はごくありふれた生存戦略《せいぞんせんりゃく》です。
他の生物の栄養《えいよう》（あるいは労働《ろうどう》）を利用《りよう》する方法《ほうほう》は
厳《きび》しい生存競争《せいぞんきょうそう》を勝ち抜《ぬ》くうえでとても合理的《ごうりてき》なのでしょう。

ここで紹介《しょうかい》する小型《こがた》の寄生《きせい》バチは、ガの幼虫《ようちゅう》（イモムシ）に卵《たまご》を産《う》みつけます。
孵化《ふか》したハチの幼虫《ようちゅう》は、ガの幼虫《ようちゅう》の中身を食らいながら成長《せいちょう》。
やがて幼虫《ようちゅう》の外へ出て、蛹《さなぎ》を経《へ》て成虫《せいちゅう》へと変態《へんたい》します。
とても残酷《ざんこく》な、そして巧妙《こうみょう》な戦略《せんりゃく》だといえるでしょう。

しかし、ここで一つの疑問《ぎもん》が生じます。
昆虫《こんちゅう》は体内に自然免疫《しぜんめんえき》という非常《ひじょう》に優《すぐ》れた防御《ぼうぎょ》システムを持っているはずなのに、
イモムシはなぜ体内に侵入《しんにゅう》してきたハチの卵《たまご》（異物《いぶつ》）を
排除《はいじょ》できないのでしょうか？

最近《さいきん》になってそのトリックがほぼ明らかになりました。
なんと、寄生《きせい》バチは産卵《さんらん》の際《さい》、卵《たまご》と一緒《いっしょ》にあるウイルスをイモムシの体内に注入していたのです。
このウイルスは、イモムシの細胞《さいぼう》に感染《かんせん》し、設計図《せっけいず》のなかに潜《もぐ》り込《こ》むと、
せっせと免疫系《めんえきけい》を抑《おさ》える物質《ぶっしつ》を生産《せいさん》するようになります。
これにより、イモムシの免疫《めんえき》作用は封《ふう》じられ、
ハチの幼虫《ようちゅう》にとって都合の良《よ》い環境《かんきょう》が整えられるという仕掛《しか》けです。
驚《おどろ》くべき巧妙《こうみょう》さですね。

23話　昆虫《こんちゅう》は寄生《きせい》のための道具《どうぐ》としてウイルスを使《つか》う?

なぜコマユバチは卵《たまご》と一緒《いっしょ》にウイルス粒子《りゅうし》をイモムシの体内《たいない》に産《う》みつけるか?
プスッ
実《じつ》はウイルスを利用《りよう》してイモムシの免疫《めんえき》を抑《おさ》えているのニャ
それでイモムシは産《う》みつけられた卵《たまご》をどうにもできないのか
卵どかしたいけど体調悪くてムリ…
その通《とお》り!
ちなみになんとこのウイルス粒子《りゅうし》の中身《なかみ》はハチの幼虫《ようちゅう》の成長《せいちょう》に必要《ひつよう》な情報《じょうほう》だけに置《お》き換《か》えられているのニャ
本来のウイルス
本来の設計図(巻物)
ハチに利用されてるウイルス
ハチに都合のよい情報のみ
なんだそれー!! 許《ゆる》せない!!
ウイルスとしての誇りはないのか!?
一応《いちおう》ウイルス本体《ほんたい》の重要《じゅうよう》な情報《じょうほう》はすべてハチの設計図《せっけいず》のなかに潜《もぐ》り込《こ》んでいるんだけど
DNA
=ハチ
=ウイルス
実際《じっさい》にイモムシの体内《たいない》に打《う》ち込《こ》むとき利用《りよう》しているのは殻《から》タンパク質《しつ》だけなので、ハチに利用《りよう》されるだけの道具《どうぐ》になってしまっているという見方《みかた》もできるニャ
ここまでくると生命《せいめい》ってすごいというか…
ウイルスがこんな風《ふう》に生物《せいぶつ》に利用《りよう》されてるなんて考《かんが》えたこともなかったわね
許せん

そもそもこのウイルスは、ハチの設計図《せっけいず》のなかに組み込《こ》まれています。
ハチは、ウイルスが持つ情報《じょうほう》のうち「殻《から》タンパク質《しつ》」だけを利用《りよう》してカプセルを作り、
そのなかに自分の子がイモムシ体内で育つために必要《ひつよう》な情報《じょうほう》
（イモムシの免疫系《めんえきけい》を抑《おさ》えるための設計図《せっけいず》など）を入れ込《こ》みます。
オーダーメイドのランチボックス、つまり、
自分の好《す》きなおかずだけを入れたお弁当《べんとう》のようなものを作るわけです。

こうしてハチにとって都合よくデザインされた
ウイルス様粒子《ようりゅうし》（ウイルスみたいな形だが本来のウイルスとは全く違《ちが》う粒子《りゅうし》）こそが、
卵《たまご》と一緒《いっしょ》に産《う》みつけられていた免疫抑制因子《めんえきよくせいいんし》だったのです。
神戸《こうべ》大学の中屋敷《なかやしき》均《ひとし》教授《きょうじゅ》の著書《ちょしょ》『ウイルスは生きている』（講談社《こうだんしゃ》）のなかで
このウイルス様粒子《ようりゅうし》は「分子兵器《ぶんしへいき》」と表現《ひょうげん》されています。

一方、同じ現象《げんしょう》をウイルス側《がわ》から眺《なが》めると、ハチが繁殖《はんしょく》してくれれば、
設計図《せっけいず》としての自分がそれだけ増《ふ》えるということになります。
この場合、ウイルスがハチという乗り物を増殖《ぞうしょく》のために利用《りよう》しているということですね。

いずれにせよ俯瞰《ふかん》して眺《なが》めると、
生物の戦略《せんりゃく》がいかに巧妙《こうみょう》かつ複雑《ふくざつ》であるかが見えてきます。

コラム
「魅惑《みわく》の六角形」

目に見えないほど小さい正二十面体構造《こうぞう》のウイルスを包丁《ほうちょう》で切るがごとく薄《うす》くスライスする。ウルトラミクロトームという特殊《とくしゅ》な機器《きき》を使うとこんな芸当《げいとう》が可能《かのう》です。このときできるウイルスの断面《だんめん》は主に六角形になります。

今から数十年前、米国の研究チームが撮影《さつえい》したクロレラという藻《そう》類《るい》に感染《かんせん》するウイルスの電子顕微鏡《けんびきょう》写真を初《はじ》めて見ました。クロレラの細胞内部《さいぼうないぶ》を悪魔《あくま》のごとく侵略《しんりゃく》するウイルスたちの姿《すがた》。その六角形が放つ蠱惑的《こわくてき》な美しさが、私《わたし》の心を強く掴《つか》んで離《はな》しませんでした。この出会いをきっかけに、その後、私《わたし》はウイルス研究の道に入ることになりました。

つい最近《さいきん》、とある研究集会でウイルス学の道に進みたいという中学生（！）と話す機会《きかい》がありました。曰《いわ》く、「エボラウイルスのあの紐形《ひもがた》に惚《ほ》れました」とのこと。

「やれ頼《たの》もしや！」

ウイルスの造形《ぞうけい》が放つ魔性《ましょう》に魅入《みい》られてこの世界に迷《まよ》い込《こ》む若者《わかもの》は、どうやら少なくないようです。

第3章

ヒトとウイルスの関わり

24話　どうなる新型《しんがた》コロナ？ ヒトとウイルス

ウイルスの種類《しゅるい》や性質《せいしつ》についてはいろいろ学《まな》べたけど…

やっぱり今《いま》私《わたし》たちが一番《いちばん》知《し》りたいのってアレよね
新型《しんがた》コロナウイルスいつ収束《しゅうそく》すんねん！

あいつ一般《いっぱん》ウイルスから見《み》ても許《ゆる》せないです！

一体《いったい》やつは何《なん》なんです!? 感染者《かんせんしゃ》は増《ふ》える一方《いっぽう》以前《いぜん》できてたイベントとかもほとんど中止《ちゅうし》になるし！

あいつポッと出《で》のくせに世界《せかい》を牛耳《ぎゅうじ》ってるの許《ゆる》せない！

いやそこ？

新型コロナウイルス
確《たし》かにここまで大変《たいへん》なことになるとは想像《そうぞう》できなかったニャ
※2021年4月現在の状況です。
でもあえて繰《く》り返《かえ》しいわせてもらおうウイルスには色々《いろいろ》な種類《しゅるい》がいてヒトの役《やく》に立《た》つものもいる……
それもふまえてここからは「ヒトとウイルス」の関係《かんけい》について学《まな》んでいこうニャ
ゆる〜く
おお
いよいよか！
待《ま》ってましたー！

第2章では、いろいろな環境《かんきょう》にいる様々なウイルスについてご紹介《しょうかい》しました。
要約《ようやく》すると、
①およそ生命のあるところには必《かなら》ずウイルスが存在《そんざい》する、
②生物はウイルスによって攻撃《こうげき》される場合もあるがウイルスを利用《りよう》している場合も多くある、
といった内容《ないよう》でした。

これまで皆《みな》さんの頭のなかにあった「ウイルス＝病気の原因《げんいん》」という図式が
少し変《か》わってきたのではないかと思います。

第3章では、「ヒトとウイルスの関係《かんけい》」に焦点《しょうてん》を当てます。
いま私《わたし》たちの目の前に立ちはだかる新型《しんがた》コロナウイルスという新しい敵《てき》。
この厄介《やっかい》な相手と私《わたし》たちはどう付《つ》き合《あ》っていけばよいのか。
新たなウイルス感染症《かんせんしょう》を起こさないためには何に気をつけることが必要《ひつよう》なのか。
そんなことも含《ふく》めつつ、引き続《つづ》きゆるりと学んでいきましょう。

25話　ヒトの設計図《せっけいず》のなかにもウイルスが

人間《にんげん》が成長《せいちょう》の過程《かてい》でウイルスと初《はじ》めて関《かか》わりを持《も》つのは何歳《なんさい》くらいのときか知《し》っているかニャ？
え－…？初《はじ》めて病気《びょうき》にかかったとき？
1歳《さい》くらいのときかな？
うんニャ 実《じつ》は胎児《たいじ》のころに君《きみ》たちはすでにウイルスによってもたらされた特殊《とくしゅ》な仕組《しく》みで守《まも》られていたのニャ
よしよし
た…胎児《たいじ》!?
守《まも》られてたってどういうこと!?
哺乳類《ほにゅうるい》は母親《ははおや》のお腹《なか》のなかで子《こ》どもを育《そだ》てる
異物だっ
白血球
けど、自分《じぶん》の子《こ》どもといえど別《べつ》の命《いのち》！母体《ぼたい》の免疫系《めんえきけい》が胎児《たいじ》の存在《そんざい》に気付《きづ》いたら異物《いぶつ》として攻撃《こうげき》をしてしまうのニャ
確《たし》かに親子《おやこ》でも血液型《けつえきがた》が違《ちが》うと輸血《ゆけつ》できなかったりするよね…
じゃあどうやって胎児《たいじ》を育《そだ》てるの？
胎児《たいじ》を母体《ぼたい》からへだてる膜《まく》は細胞《さいぼう》と細胞《さいぼう》が融合《ゆうごう》してできている そのおかげで胎児《たいじ》は白血球《はっけっきゅう》などの攻撃《こうげき》から守《まも》られた状態《じょうたい》でいるのニャ
胎児を包む壁の細胞
くっつけろー
よっしゃー
白血球
通れん
驚《おどろ》いたことにこの細胞同士《さいぼうどうし》をくっつける装置《そうち》は ヒトの設計図内《せっけいずない》に潜《ひそ》むウイルスからの授《さず》かりものだという
へー
授《さず》かりもの？
あの、なんで人間《にんげん》の設計図《せっけいず》のなかにそんなウイルスがいるんです…？
ボクらが人間のお役に？
うむ、そこんとこは次《つぎ》で詳《くわ》しく話《はな》すニャ

ヒトは受精卵《じゅせいらん》になった瞬間《しゅんかん》から、ウイルスのお世話になっている。
少し大げさかもしれませんが、事実です。

哺乳類《ほにゅうるい》は、自分の子を胎内《たいない》で守りつつ、栄養《えいよう》と酸素《さんそ》を与《あた》え、
ある程度《ていど》成長《せいちょう》させた状態《じょうたい》で外界に産《う》み出します。
ただし、可愛《かわい》いわが子といえども母体にとっては異物《いぶつ》。
もしも母体の免疫細胞《めんえきさいぼう》（白血球など）が胎児《たいじ》を攻撃《こうげき》したら、流産《りゅうざん》してしまいます。

そこで、胎盤《たいばん》にある特殊《とくしゅ》な膜《まく》が胎児《たいじ》を免疫系《めんえきけい》から保護《ほご》する役割《やくわり》を担《にな》っています。
この膜《まく》は白血球をブロックしますが、栄養《えいよう》と酸素《さんそ》は通すので、胎児《たいじ》は問題なく成長《せいちょう》することができます。
この膜《まく》の正体は、たくさんの細胞同士《さいぼうどうし》が融合《ゆうごう》してできた巨大細胞《きょだいさいぼう》です。
小さなシャボン玉がたくさんくっついて、
大きな一つのシャボン玉になるようなイメージを想像《そうぞう》してください。

この細胞融合《さいぼうゆうごう》のきっかけを作ってくれているのが、
実は大昔に哺乳類《ほにゅうるい》の祖先《そせん》がレトロウイルスから授《さず》かった
タンパク質《しつ》（細胞融合促進装置《さいぼうゆうごうそくしんそうち》）というわけです。
レトロウイルスというのは宿主《しゅくしゅ》の設計図《せっけいず》（DNA《ディーエヌエー》）のなかに
潜《もぐ》り込《こ》むことが得意《とくい》なウイルスです。

26話　レトロウイルス様《さま》のおかげです

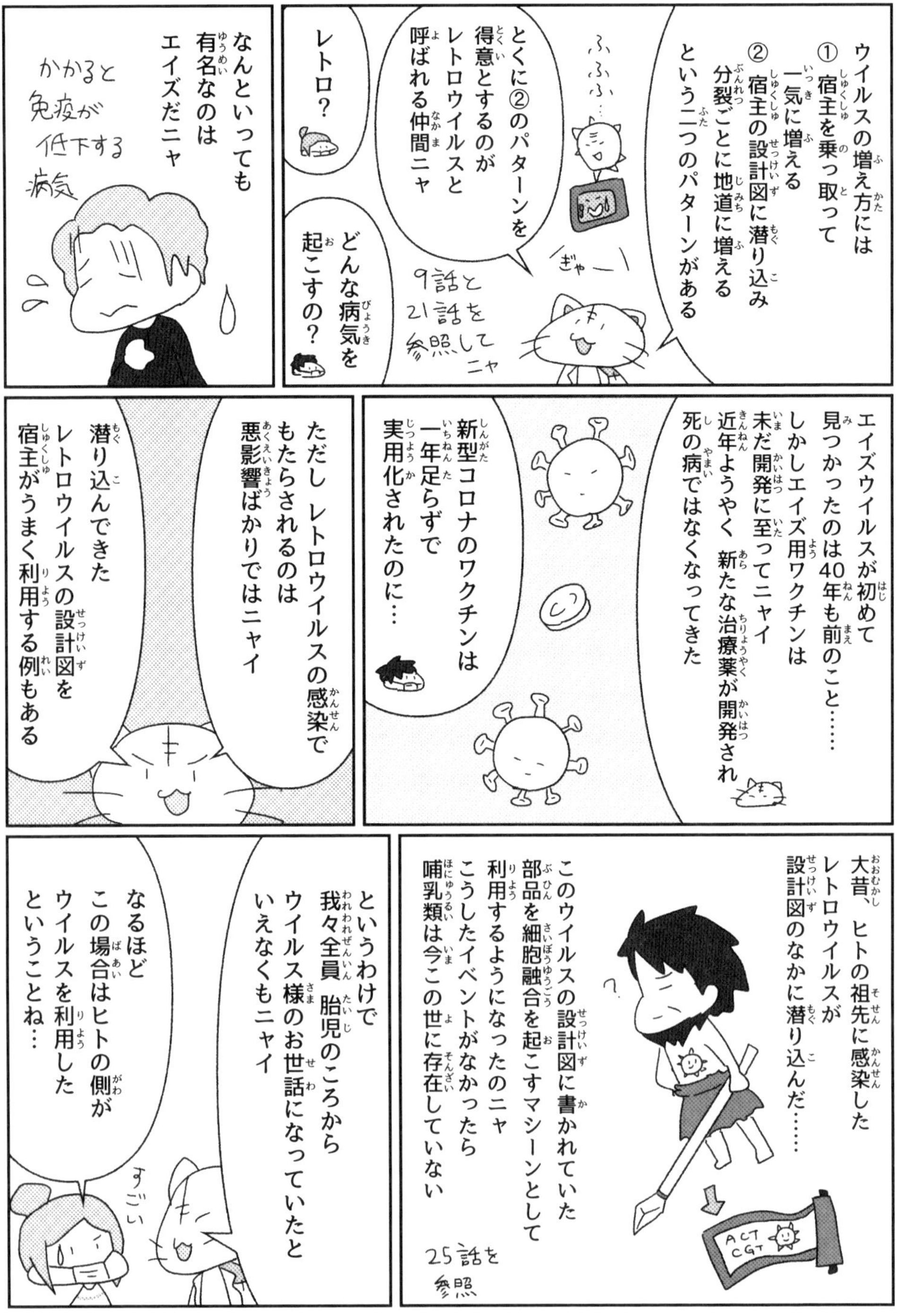
ウイルスの増《ふ》え方《かた》には
①宿主《しゅくしゅ》を乗《の》っ取《と》って一気《いっき》に増《ふ》える
②宿主《しゅくしゅ》の設計図《せっけいず》に潜《もぐ》り込《こ》み分裂《ぶんれつ》ごとに地道《じみち》に増《ふ》える
という二《ふた》つのパターンがある
ふふふ…
ぎゃー
9話と21話を参照してニャ
とくに②のパターンを得意《とくい》とするのがレトロウイルスと呼《よ》ばれる仲間《なかま》ニャ
レトロ？
どんな病気《びょうき》を起《お》こすの？
なんといっても有名《ゆうめい》なのはエイズだニャ
かかると免疫が低下する病気
エイズウイルスが初《はじ》めて見《み》つかったのは40年《ねん》も前《まえ》のこと……
しかしエイズ用《よう》ワクチンは未《いま》だ開発《かいはつ》に至《いた》ってニャイ
近年《きんねん》ようやく 新《あら》たな治療薬《ちりょうやく》が開発《かいはつ》され死《し》の病《やまい》ではなくなってきた
新型《しんがた》コロナのワクチンは一年《いちねん》足《た》らずで実用化《じつようか》されたのに…
ただし レトロウイルスの感染《かんせん》でもたらされるのは悪影響《あくえいきょう》ばかりではニャイ
潜《もぐ》り込《こ》んできたレトロウイルスの設計図《せっけいず》を宿主《しゅくしゅ》がうまく利用《りよう》する例《れい》もある
大昔《おおむかし》、ヒトの祖先《そせん》に感染《かんせん》したレトロウイルスが設計図《せっけいず》のなかに潜《もぐ》り込《こ》んだ……
?
ACT CGT
このウイルスの設計図《せっけいず》に書《か》かれていた部品《ぶひん》を細胞融合《さいぼうゆうごう》を起《お》こすマシーンとして利用《りよう》するようになったのニャ
こうしたイベントがなかったら哺乳類《ほにゅうるい》は今《いま》この世《よ》に存在《そんざい》していない
25話を参照
というわけで我々全員《われわれぜんいん》 胎児《たいじ》のころからウイルス様《さま》のお世話《せわ》になっていたといえなくもニャイ
なるほど この場合《ばあい》はヒトの側《がわ》がウイルスを利用《りよう》したということね…
すごい

胎盤《たいばん》の特殊《とくしゅ》な膜《まく》を作るための「細胞融合促進《さいぼうゆうごうそくしん》分子」、
すなわち細胞同士《さいぼうどうし》を一つにくっつけるよう働《はたら》く分子。
かつてヒトの祖先《そせん》は、あるレトロウイルスに感染《かんせん》された際《さい》に
その設計図《せっけいず》を手に入れました。
（これは、ウイルス側《がわ》の設計図《せっけいず》がそのまま宿主側《しゅくしゅがわ》の設計図《せっけいず》内に
コピペされたということです。）
これにより「胎生《たいせい》」という増殖《ぞうしょく》方法《ほうほう》のカギとなる分子を、
ヒトの祖先《そせん》は手に入れたのです。

ウイルスはもともとこの分子を宿主細胞《しゅくしゅさいぼう》への吸着《きゅうちゃく》に使っていました。
この「吸着促進《きゅうちゃくそくしん》分子」が「細胞融合促進《さいぼうゆうごうそくしん》分子」へと進化したことで、
胎児《たいじ》を守る「継《つ》ぎ目《め》のない膜《まく》」を作れるようになったと考えられています。

「卵生《らんせい》」から「胎生《たいせい》」への変化という劇的《げきてき》なイベント。
その背後《はいご》でウイルスという黒子が
重要《じゅうよう》な役割《やくわり》を担《にな》っていたという事実はとても興味深《きょうみぶか》いですね。

27話　人獣共通感染症《じんじゅうきょうつうかんせんしょう》

ウイルスには動物《どうぶつ》から人間《にんげん》に感染《かんせん》して広《ひろ》がるものも多《おお》いニャ
「はしか」って聞《き》いたことないかニャ?
聞いたことある
ああ、小《ちい》さい頃《ころ》かかったみたい
はしかもウイルスによる伝染病《でんせんびょう》ニャ
ギャー
今《いま》は予防接種《よぼうせっしゅ》のおかげで感染《かんせん》してもほとんど重症《じゅうしょう》にはならない
このはしかウイルスは2600年《ねん》ほど前《まえ》に牛《うし》からヒトに伝染《でんせん》したものと考《かんが》えられている
これはヒトが牛《うし》を家畜《かちく》として飼《か》い始《はじ》め牛《うし》との接触《せっしょく》の機会《きかい》が増《ふ》えたことによる
人類《じんるい》は牛《うし》を飼《か》うことで豊《ゆた》かな生活《せいかつ》と一緒《いっしょ》にはしかという病気《びょうき》ももらったということだニャ
いいとこ取《ど》りだけはできないのね～
なかなか
MERS《マーズ》というウイルス感染症《かんせんしょう》も動物《どうぶつ》から人間《にんげん》に広《ひろ》がった
マーズ? 聞《き》いたことはある
MERS 中東 呼吸器 症候群
コロナのニュースのなかで説明《せつめい》があったような
そう! MERS《マーズ》というのはコロナウイルスの仲間《なかま》によって起《お》こる呼吸器感染症《こきゅうきかんせんしょう》のことニャ
このウイルスはラクダからヒトに感染《かんせん》したということがわかっている
ラクダ
動物《どうぶつ》を飼《か》うのはそれ相応《そうおう》のリスクも背負《せお》うということなのね

ヒトは、いろいろな動物の力を借《か》りて、今の豊《ゆた》かな生活を手に入れました。

ただし、ヒトと動物の距離《きょり》が近づけばその分、
病気を共有《きょうゆう》する可能性《かのうせい》も高まります。
動物からヒトへ、あるいはヒトから動物へうつる病気のことを「人獣共通感染症《じんじゅうきょうつうかんせんしょう》」といいます。

そのなかでウイルスによるものとしては、
狂犬病《きょうけんびょう》（イヌ、スカンク他）、インフルエンザ（ブタ、鳥）、
日本脳炎《のうえん》（ブタ）、エボラ出血熱《しゅっけつねつ》（サル、コウモリ）などが挙《あ》げられます。
今後も新しいウイルス感染症《かんせんしょう》が
動物からヒトの世界にもたらされることでしょう。

これらのウイルスの多くは、宿主《しゅくしゅ》である動物と共存《きょうぞん》していたものです。
しかし、そのウイルスが一旦《いったん》ヒトに感染《かんせん》すると
激《はげ》しい、ときには致死的《ちしてき》な症状《しょうじょう》を引き起こすことがあります。

28話　新型《しんがた》コロナウイルスはどこから来《き》たか？

じゃあ新型《しんがた》コロナウイルスは どこからやってきたの？
まだまだ調査中《ちょうさちゅう》では あるんだけど
新型 コロナ ウイルス
新型《しんがた》コロナウイルスの 設計図《せっけいず》を調《しら》べると コウモリやセンザンコウの ウイルスに近《ちか》いことが わかったのニャ
ACCGTA ATATATCA
セ…センザンコウ？
センザンコウは 硬《かた》い鱗《うろこ》に覆《おお》われた哺乳類《ほにゅうるい》ニャ
センザン コウ
アリ大好き
怪獣《かいじゅう》みたい！
アルマジロ？
似《に》てるけど別種《べっしゅ》ニャ
センザンコウはアフリカや アジアの森林《しんりん》に住《す》んで 夜《よる》にしか活動《かつどう》しない
肉《にく》は珍味《ちんみ》、鱗《うろこ》は工芸《こうげい》や製薬《せいやく》、 革《かわ》は革細工《かわざいく》にというわけで 密猟者《みつりょうしゃ》に狙《ねら》われる
ひひひ
近《ちか》しいウイルスが動物《どうぶつ》から見《み》つかったと いうことは新型《しんがた》コロナも人獣共通感染症《じんじゅうきょうつうかんせんしょう》 何《なん》らかの経路《けいろ》でヒトに感染《かんせん》し変異《へんい》を 重《かさ》ねていったと考《かんが》えられるニャ
コウモリ
ハクビシン
ラクダ？
センザンコウ？
ヒト？
ちなみに新型《しんがた》コロナが ヒトからイヌやネコに 感染《かんせん》するという報告《ほうこく》もある 「動物《どうぶつ》→ヒト」の一方向《いちほうこう》 だけではないのニャ
うーん 考《かんが》えさせられる…
ペットとの距離感《きょりかん》も 考《かんが》えなきゃだめなのね
離れて 離れて

新型《しんがた》コロナウイルスも「人獣共通感染症《じんじゅうきょうつうかんせんしょう》ウイルス」の一つとされています。
ただし、新型《しんがた》コロナウイルスが野生動物からヒトへと感染《かんせん》していった具体的《ぐたいてき》な経路《けいろ》は明らかにされていません。
今後の研究が待たれるところです。

動物の体内でおとなしく共存《きょうそん》していたウイルスが、何かの拍子《ひょうし》にヒトに感染《かんせん》して狂暴化《きょうぼうか》するという事例《じれい》は少なくありません。
初《はじ》めて出会うウイルスに対しては免疫《めんえき》がないため、しばしば重症化《じゅうしょうか》あるいは死亡《しぼう》するケースもあります。
未知《みち》なる動物ウイルスとの遭遇《そうぐう》は「しっかりと恐《おそ》れるべきこと」といえるでしょう。

こうした新奇《しんき》な感染症《かんせんしょう》ウイルス出現《しゅつげん》の背景《はいけい》には、人口増加《ぞうか》、森林破壊《はかい》、不適切《ふてきせつ》な野生動物の輸出入《ゆしゅつにゅう》、ペットの多様化などが関係《かんけい》していると考えられます。

動物との接《せっ》し方・取り扱《あつか》い方については、従来《じゅうらい》以《い》上《じょう》に厳密《げんみつ》なルール作りが必要《ひつよう》になってくるでしょう。

29話　過度《かど》な開発《かいはつ》が恐《おそ》ろしいウイルスを招《まね》き寄《よ》せる

他《ほか》にも本来《ほんらい》なら出会《であ》わないような動物《どうぶつ》との接触《せっしょく》が新興感染症《しんこうかんせんしょう》の原因《げんいん》となることがある
森林《しんりん》の開発《かいはつ》など人間《にんげん》の活動《かつどう》によって思《おも》いもかけないウイルスとの出会《であ》いがもたらされるのニャ
たとえば森《もり》のなかでひっそりと暮《く》らしていた動物《どうぶつ》とそれに共生《きょうせい》するように暮《く》らしていたウイルス
こうした動物《どうぶつ》たちになんの耐性《たいせい》もないヒトが接《せっ》すると…
そのウイルスは突如《とつじょ》としてヒトの体内《たいない》で牙《きば》をむくかもしれニャイしヒトの体《からだ》に合《あ》うように変異《へんい》することもある
ヒトの側《がわ》にしてみたら経験《けいけん》したことのないウイルスに感染《かんせん》されたら大変《たいへん》重症化《じゅうしょうか》することもある
やがてそのウイルスが変異《へんい》してヒトからヒトへと感染《かんせん》し手《て》に負《お》えなくなるのが「パンデミック」だニャ
今問題《いまもんだい》になっている新型《しんがた》コロナウイルスがそうであるように
新型コロナ
新興感染症《しんこうかんせんしょう》※の実《じつ》に6割《わり》は動物《どうぶつ》に由来《ゆらい》するといわれている
インフルエンザ
はしかウイルス
ニパウイルス
資源開発《しげんかいはつ》と称《しょう》して過度《かど》に自然《しぜん》を壊《こわ》したりやたらと珍《めずら》しいペットや食材《しょくざい》を欲《ほ》しがるなどヒトが目先《めさき》の利益《りえき》だけを優先《ゆうせん》しているとさらに恐《おそ》ろしいウイルスとの出会《であ》いが待《ま》っているかもしれないニャ
フフフ
この新型《しんがた》コロナの大流行《だいりゅうこう》を機《き》に世界中《せかいじゅう》の一人一人《ひとりひとり》がこういう問題《もんだい》についても真面目《まじめ》に考《かんが》えるべきときが来《き》たと思《おも》うニャ
いやほんま
なるほどー

※新しい病原体による感染症。

私《わたし》のお気に入り、水木《みずき》しげる先生の作品に出てくる「入《い》らずの森《もり》」。不埒者《ふらちもの》が言い伝《つた》えを守らず森に入ったがために妖怪《ようかい》に襲《おそ》われるという物語は子ども心にとても怖《こわ》かった記憶《きおく》があります。考えてみると、物の怪《け》の正体は人獣共通感染症《じんじゅうきょうつうかんせんしょう》のことだったのかもしれません。森のなかで静《しず》かにしている怪《あや》しきモノを目覚《めざ》めさせることなく封《ふう》じ込《こ》めておく、そのためには動物の領域《りょういき》と人間の領域《りょういき》とのけじめをつけねばならないということを、昔の人は経験則《けいけんそく》として知っていたのではないでしょうか。

開発をやめることのない人類《じんるい》に対する自然《しぜん》からの恐《おそ》ろしい復讐《ふくしゅう》の話です。20世紀末《せいきまつ》、マレーシアではオオコウモリの生息地であった熱帯《ねったい》雨林を拓《ひら》き、養豚場《ようとんじょう》を設《もう》けました。その結果《けっか》、オオコウモリを自然宿主《しぜんしゅくしゅ》としていたニパウイルスがブタに感染《かんせん》。ブタの重症化《じゅうしょうか》の程度《ていど》は低《ひく》く、致死率《ちしりつ》も５％《パーセント》程度《ていど》と低《ひく》かったものの、なんとこのウイルス、ブタを介《かい》してヒトに伝染《でんせん》しました。患者《かんじゃ》は重い脳症《のうしょう》を起こし、致死率《ちしりつ》は最大《さいだい》75％《パーセント》に。さらにヒトからヒトへと飛沫感染《ひまつかんせん》し、犠牲者《ぎせいしゃ》は１００名を超《こ》えました。今もきっとニパウイルスのようなウイルスが、森の奥《おく》のどこかに潜《ひそ》んでいるに違《ちが》いありません。

30話 100年前《ねんまえ》のパンデミック スペイン風邪《かぜ》の正体《しょうたい》

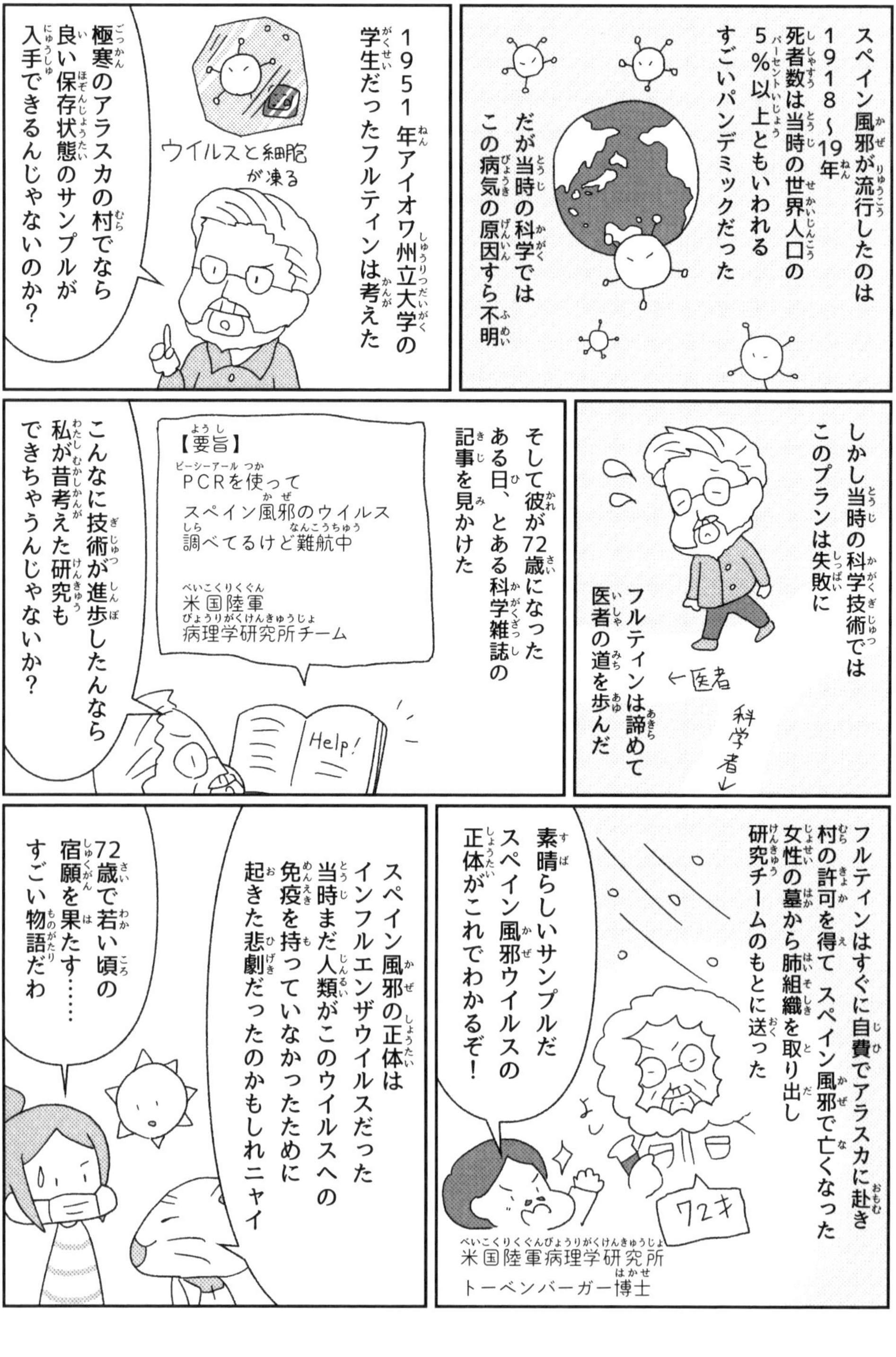

スペイン風邪《かぜ》が流行《りゅうこう》したのは
1918～19年《ねん》
死者数《ししゃすう》は当時《とうじ》の世界人口《せかいじんこう》の
5%以上《パーセントいじょう》ともいわれる
すごいパンデミックだった
だが当時《とうじ》の科学《かがく》では
この病気《びょうき》の原因《げんいん》すら不明《ふめい》
1951年《ねん》アイオワ州立大学《しゅうりつだいがく》の
学生《がくせい》だったフルティンは考《かんが》えた
ウイルスと細胞が凍る
極寒《ごっかん》のアラスカの村《むら》でなら
良《い》い保存状態《ほぞんじょうたい》のサンプルが
入手《にゅうしゅ》できるんじゃないのか?
しかし当時《とうじ》の科学技術《かがくぎじゅつ》では
このプランは失敗《しっぱい》に
フルティンは諦《あきら》めて
医者《いしゃ》の道《みち》を歩《あゆ》んだ
←医者
科学者↓
そして彼《かれ》が72歳《さい》になった
ある日《ひ》、とある科学雑誌《かがくざっし》の
記事《きじ》を見《み》かけた
【要旨《ようし》】
PCR《ピーシーアール》を使《つか》って
スペイン風邪《かぜ》のウイルス
調《しら》べてるけど難航中《なんこうちゅう》
米国陸軍《べいこくりくぐん》
病理学研究所《びょうりがくけんきゅうじょ》チーム
Help!
こんなに技術《ぎじゅつ》が進歩《しんぽ》したんなら
私《わたし》が昔考《むかしかんが》えた研究《けんきゅう》も
できちゃうんじゃないか?
フルティンはすぐに自費《じひ》でアラスカに赴《おもむ》き
村《むら》の許可《きょか》を得《え》て スペイン風邪《かぜ》で亡《な》くなった
女性《じょせい》の墓《はか》から肺組織《はいそしき》を取《と》り出《だ》し
研究《けんきゅう》チームのもとに送《おく》った
素晴《すば》らしいサンプルだ
スペイン風邪《かぜ》ウイルスの
正体《しょうたい》がこれでわかるぞ!
よし
72キ
米国陸軍病理学研究所《べいこくりくぐんびょうりがくけんきゅうじょ》
トーベンバーガー博士《はかせ》
スペイン風邪《かぜ》の正体《しょうたい》は
インフルエンザウイルスだった
当時《とうじ》まだ人類《じんるい》がこのウイルスへの
免疫《めんえき》を持《も》っていなかったために
起《お》きた悲劇《ひげき》だったのかもしれニャイ
72歳《さい》で若《わか》い頃《ころ》の
宿願《しゅくがん》を果《は》たす……
すごい物語《ものがたり》だわ

「過去《かこ》の遺体《いたい》からでもウイルスの塩基配列《えんきはいれつ》を読める時代が来た。

だが、新鮮《しんせん》な試料《しりょう》でないと良《い》いデータは取れない。」

そのことを知ったフルティンは、一路アラスカに赴《おもむ》き、
さっそく現地《げんち》の村議会《そんぎかい》と交渉《こうしょう》。
許可《きょか》を得《え》たうえで墓《はか》を開き、保存状態《ほぞんじょうたい》の良《よ》い遺体《いたい》から試料《しりょう》を採取《さいしゅ》しました。
極寒《ごっかん》のなか、固《かた》く凍《こお》った土を掘《ほ》り起こす作業は、
並大抵《なみたいてい》のことではなかったはず。
でも、作業中の彼《かれ》の写真からは、72歳《さい》とは思えないエネルギーと
充実感《じゅうじつかん》に満《み》ちた様子が伝《つた》わってきます。

彼《かれ》はおそらく、天命と感じていたのではないでしょうか。

自分の若《わか》い頃《ころ》の（失敗《しっぱい》）経験《けいけん》が、スペイン風邪《かぜ》ウイルスの
正体解明《かいめい》に繋《つな》がるに違《ちが》いない。

それを通して自分が世界に貢献《こうけん》できるかもしれない。

いずれも、72歳《さい》のフルティンを動かすに足る十分なモチベーションだったのでしょう。

彼《かれ》の功績《こうせき》は高く評価《ひょうか》され、2009年には、彼《かれ》の母校であるアイオワ州立《しゅうりつ》大学より
名誉理学博士号《めいよりがくはくしごう》が授与《じゅよ》されました。

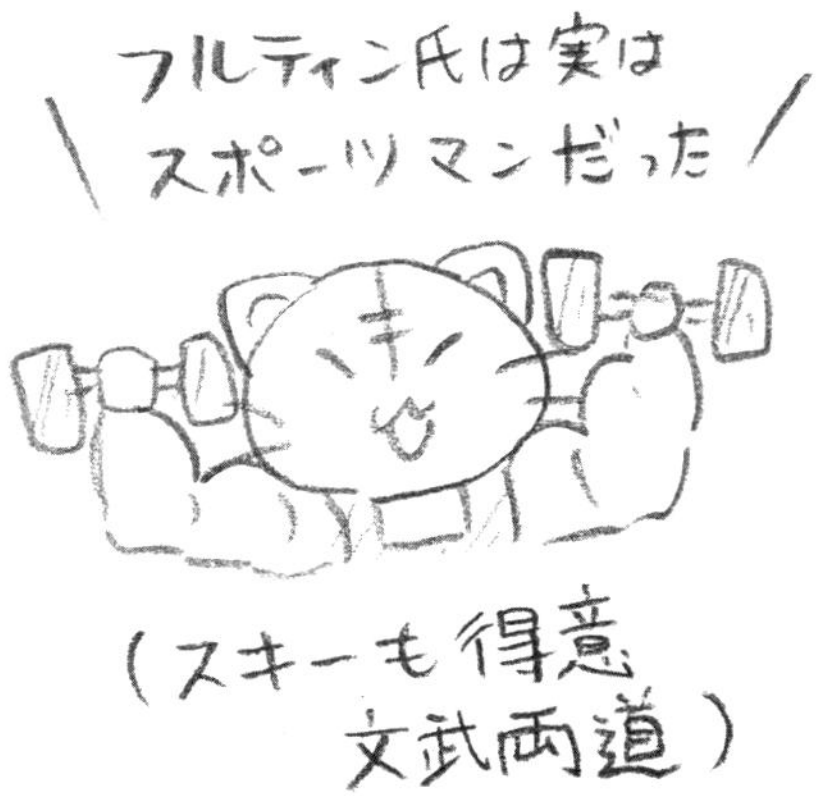
フルティン氏は実は
スポーツマンだった
（スキーも得意
文武両道）

31話　ウイルスは意図《いと》して暴《あば》れているわけではない

新型《しんがた》コロナは好《す》きじゃないけれどウイルス的《てき》にはボクからちょっと人間《にんげん》たちに訴《うった》えたい
ほーう
よかろう話《はな》してみたまえ
仲良いな
ボクたちウイルスは別《べつ》に意図《いと》して大暴《おおあば》れをしているわけではない！
よって無罪
ええー!?
このタイミングでそういうことというと不興《ふきょう》を買《か》うぞ
どんだけの人《ひと》が君《きみ》らウイルスに苦《くる》しめられていることか
そういうウイルスに肯定的《こうていてき》な意見《いけん》は全部《ぜんぶ》ダメって考《かんが》えがちなのよくないと思《おも》う！
うっ
ボクはこの本《ほん》の事情《じじょう》により特別《とくべつ》に魔法《まほう》の力《ちから》で喋《しゃべ》ってるけど
そうなの？
実際《じっさい》のウイルスは設計図《せっけいず》と脳《のう》みそも感情《かんじょう》もないカプセルだけ
ウイルスを頭《あたま》ごなしにすぐ悪者《わるもの》にするんじゃなくてうまく付《つ》き合《あ》う、制御《せいぎょ》する利用《りよう》する、共存《きょうぞん》するって考《かんが》えも持《も》ってほしい
うまくやっていこう
意思《いし》のないボクらを敵《てき》にするのも味方《みかた》にするのも人間次第《にんげんしだい》なんだから
Win-Winの関係-
君はともかく新型《しんがた》コロナと共存《きょうぞん》…できたらいいなぁ
たしかに新型《しんがた》コロナでちょっとヒステリックになってるとこはある
うむうむ
では次《つぎ》の話《はなし》では最近話題《さいきんわだい》となっているウイルスの変異《へんい》の話《はなし》をしようかニャ

ウイルスにはDNA《ディーエヌエー》ウイルスとRNA《アールエヌエー》ウイルスの二つのグループがあります。
ウイルスが増殖《ぞうしょく》するには、それぞれの設計図《せっけいず》であるDNAまたはRNAを
どんどんコピーして増《ふ》やす必要《ひつよう》があります。
ただし、それぞれのコピー装置《そうち》の性能《せいのう》には違《ちが》いがあります。
DNAのコピー装置《そうち》は「写し間違《まちが》いを修正《しゅうせい》する機能《きのう》」が備《そな》わっているのに対し、
RNAのそれは修正機能《しゅうせいきのう》を持ちません。

したがって、RNAウイルスではDNAウイルスよりも高い確率《かくりつ》でコピーミス（＝変異《へんい》）が起こります。

たとえば、一つの細胞《さいぼう》が1個《こ》のRNAウイルスに感染《かんせん》し、
その結果《けっか》、細胞《さいぼう》のなかに1万個《こ》のウイルスが作られたとしましょう。
さて、その1万個《こ》がすべて一文字違《たが》わぬ設計図《せっけいず》を持っているかというと、
そんなことはありません。
すでにその1万個《こ》のなかには様々な「変異《へんい》」を持ったウイルスが存在《そんざい》します。

このように、「変異《へんい》」は
ウイルスが増殖《ぞうしょく》する際《さい》にごく普通《ふつう》に起こっている（起きてしまう）現象《げんしょう》なのです。

32話　きちんと知《し》ろう　ウイルスの変異《へんい》とは

じゃあさ なんでウイルスは 増《ふ》えたり変異《へんい》したりするの?
最初
変異
ヒトの側《がわ》からは そう見《み》えるだろうニャ でもウイルス側《がわ》にしてみたら 「宿主《しゅくしゅ》がウイルスの設計図《せっけいず》をもとに ウイルスを増《ふ》やしている」という ことにすぎニャイ その過程《かてい》で起《お》こる設計図《せっけいず》の コピーミスで変異《へんい》が生《しょう》じる
変異《へんい》ウイルスは 前《まえ》より怖《こわ》いウイルスなの?
ほとんどの変異《へんい》ウイルスは ポンコツで使《つか》い物《もの》にならニャイ
へーそうなんだ… 全部《ぜんぶ》凶悪化《きょうあくか》 するのかと思《おも》ってた
ただし設計図《せっけいず》に生《しょう》じた コピーミスが非常《ひじょう》〜に低《ひく》い確率《かくりつ》で ウイルスの増殖《ぞうしょく》に 有利《ゆうり》な変化《へんか》を生《う》む場合《ばあい》がある
どういう意味《いみ》?
その変異《へんい》ウイルスの 感染力《かんせんりょく》が高《たか》いと 優勢《ゆうせい》になったりする ちなみに新型《しんがた》コロナも 最初《さいしょ》の武漢《ぶかん》タイプは 今《いま》ではほぼ存在《そんざい》していない すべて変異《へんい》ウイルスに 置《お》き換《か》わっているニャ
マジか
マジです
ニュースで聞《き》く英国変異株《えいこくへんいかぶ》とか 南《みなみ》アフリカ変異株《へんいかぶ》とか ブラジル変異株《へんいかぶ》とかはどれも 変異株《へんいかぶ》のなかでは エリート中《ちゅう》のエリート
選ばれし者たち
そっか 新型《しんがた》コロナの変異株《へんいかぶ》とかも 設計図《せっけいず》のコピーミスが たまたま有利《ゆうり》な変化《へんか》に 繋《つな》がったと いうことなのか…
ウイルスが意図的《いとてき》に 変異《へんい》してるということでは なかったのね
まぁ当然か…
変化《へんか》し続《つづ》けるというのは 感染症《かんせんしょう》ウイルスの 宿命《しゅくめい》かもしれないニャ
ミスった
変異株!!

ウイルスの複製《ふくせい》には設計図《せっけいず》のコピーが必要《ひつよう》です。
しかし、しばしばコピーミスが起こり、
ウイルスのタンパク質《しつ》のアミノ酸配列《さんはいれつ》（タンパク質《しつ》の構造《こうぞう》、36ページ参照《さんしょう》）が
変化《へんか》することもあります。

このようにして起こる変異《へんい》はごくまれに、ウイルスの性質《せいしつ》に影響《えいきょう》を及《およ》ぼします。
たとえば、宿主《しゅくしゅ》の細胞《さいぼう》内でよりよく増《ふ》える強毒株《きょうどくかぶ》を生みだすこともあります。
逆《ぎゃく》に、弱毒《じゃくどく》タイプの変異株《へんいかぶ》が出現《しゅつげん》し、
それまでの強毒株《きょうどくかぶ》と置《お》き換《か》わることもあります。
（強毒《きょうどく》ウイルスが弱毒《じゃくどく》ウイルスに置《お》き換《か》わった例《れい》は33話を参照《さんしょう》。）

スペイン風邪《かぜ》（30話参照《さんしょう》）の原因《げんいん》ウイルスとして世界を席巻《せっけん》したインフルエンザウイルスも、
今では人々の生活に共存《きょうそん》しています。
これと同様に、やがては新型《しんがた》コロナも
「いわゆる風邪《かぜ》の一種《いっしゅ》」として人類《じんるい》と共生《きょうせい》していくものと考えられます。
早くその日が来るといいですね。

33話　ウイルスによるウサギ駆除作戦《くじょさくせん》

1950年代《ねんだい》、オーストラリアに狩猟用《しゅりょうよう》として24匹《ひき》のウサギが持《も》ち込《こ》まれた
24匹
数十億匹
それまではいなかった
しかしウサギの繁殖力《はんしょくりょく》はすさまじくみるみる数十億匹《すうじゅうおくひき》に
羊《ひつじ》の食《た》べる草《くさ》がない
農作物《のうさくぶつ》が食《く》われた
困《こま》った人々《ひとびと》はウサギの駆除《くじょ》にウイルスを使《つか》うことにした
このウサギだけを殺《ころ》すウイルスは劇的《げきてき》な効果《こうか》を示《しめ》した
なんと1年《ねん》で9割《わり》以上《いじょう》のウサギが死《し》んだぞ！
やったこのままいけばウサギを駆除《くじょ》できる
しかしそんな都合《つごう》のいい話《はなし》はなく
おかしいなウイルスにも平気《へいき》なウサギがずいぶん増《ふ》えている
な、なんですと？
調査《ちょうさ》の結果《けっか》、ウイルスの毒性《どくせい》は当初《とうしょ》に比《くら》べ　半減《はんげん》していることがわかった
なぜここまで弱毒化《じゃくどくか》したんだ？
これじゃ元《もと》の木阿弥《もくあみ》だ
ウイルスは宿主《しゅくしゅ》がいないと増《ふ》えられないなので宿主《しゅくしゅ》を絶滅《ぜつめつ》させることは　まずあり得《え》ないむしろ長《なが》い目《め》でみると　強毒《きょうどく》ウイルスは弱毒《じゃくどく》ウイルスへと置《お》き換《か》わっていくのニャ
多少のブレはあるけど
たとえばインフルエンザもそうだった最初《さいしょ》に現《あらわ》れた際《さい》の「スペイン風邪《かぜ》」の時《とき》は超《ちょう》ど級《きゅう》のパンデミックを引《ひ》き起《お》こしたが、今《いま》ではそこまでのことはない
新型《しんがた》コロナも早《はや》くそうなるといいね
やがてなるニャ

趣味《しゅみ》としての狩猟対象《しゅりょうたいしょう》という人間の勝手な都合で英国から運ばれてきたウサギたち。
広大なオーストラリアの地にたくましく順応《じゅんのう》し、全土に広まりました。
そして作物や牧草《ぼくそう》を食い尽《つ》くす彼《かれ》らは、農畜産業《のうちくさんぎょう》の敵《てき》、
すなわち「害獣《がいじゅう》」としての扱《あつか》いを受けることになります。

銃《じゅう》も毒《どく》もさほど有効《ゆうこう》でないと悟《さと》った人々は、駆除《くじょ》のためにウイルスを使いました。
しかしすべてのウサギを駆除《くじょ》することはできず、一部の抵抗性《ていこうせい》を持つウサギが生き残《のこ》り、
その後も繁殖《はんしょく》しました。一方、時間の経過《けいか》とともにウイルス側《がわ》の毒性《どくせい》も下がりました。
一体何が起きたのでしょうか?

ウイルスにとって有利《ゆうり》な生存戦略《せいぞんせんりゃく》とはどのようなものでしょう。
感染《かんせん》したら宿主《しゅくしゅ》を即殺《そくさつ》する「強毒性《きょうどくせい》」のウイルスは、さほど周囲《しゅうい》に広まることはないはずです。
これに対して、感染《かんせん》した宿主《しゅくしゅ》が十分にあちこち移動《いどう》できる程度《ていど》に元気であり、
その過程《かてい》でウイルスをどんどんばらまいてくれたら、
ウイルスは周囲《しゅうい》の個体《こたい》に次々と感染《かんせん》していくと考えられます。
「弱毒性《じゃくどくせい》」のウイルスが宿主《しゅくしゅ》と共存《きょうそん》するようになったのはごく自然《しぜん》な展開《てんかい》だったのでしょう。

34話　ウイルス対策《たいさく》としてのワクチンいろいろ

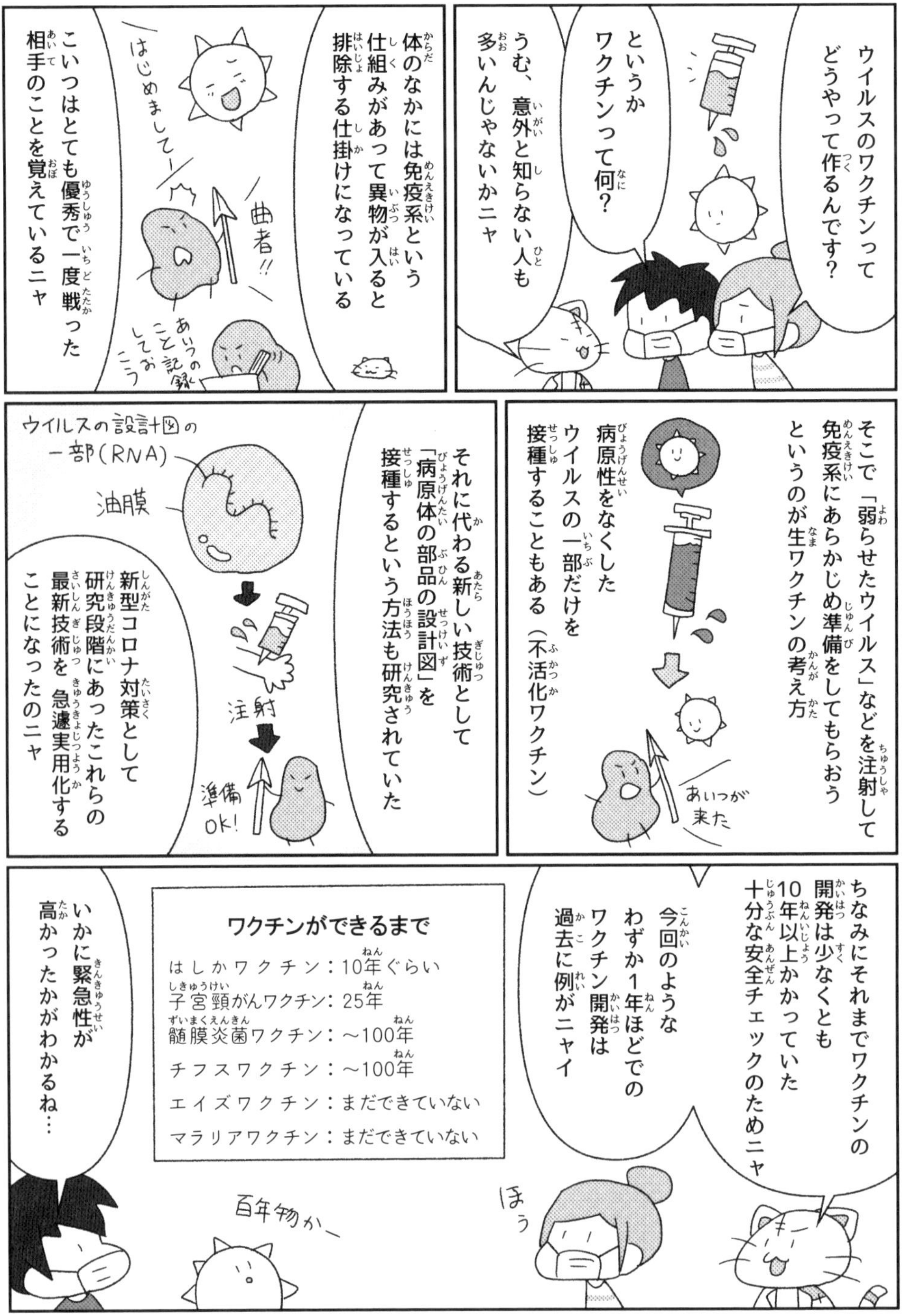

ウイルスのワクチンってどうやって作《つく》るんです？
というかワクチンって何《なに》？
うむ、意外《いがい》と知《し》らない人《ひと》も多《おお》いんじゃないかニャ
体《からだ》のなかには免疫系《めんえきけい》という仕組《しく》みがあって異物《いぶつ》が入《はい》ると排除《はいじょ》する仕掛《しか》けになっている
はじめまして〜
曲者!!
あいつのこと記録しておこう
こいつはとても優秀《ゆうしゅう》で一度《いちど》戦《たたか》った相手《あいて》のことを覚《おぼ》えているニャ
そこで「弱《よわ》らせたウイルス」などを注射《ちゅうしゃ》して免疫系《めんえきけい》にあらかじめ準備《じゅんび》をしてもらおうというのが生《なま》ワクチンの考《かんが》え方《かた》
病原性《びょうげんせい》をなくしたウイルスの一部《いちぶ》だけを接種《せっしゅ》することもある（不活化《ふかつか》ワクチン）
あいつが来た
それに代《か》わる新《あたら》しい技術《ぎじゅつ》として「病原体《びょうげんたい》の部品《ぶひん》の設計図《せっけいず》」を接種《せっしゅ》するという方法《ほうほう》も研究《けんきゅう》されていた
ウイルスの設計図の一部（RNA）
油膜
注射
準備OK!
新型《しんがた》コロナ対策《たいさく》として研究段階《けんきゅうだんかい》にあったこれらの最新技術《さいしんぎじゅつ》を急遽実用化《きゅうきょじつようか》することになったのニャ
ちなみにそれまでワクチンの開発《かいはつ》は少《すく》なくとも10年以上《ねんいじょう》かかっていた十分《じゅうぶん》な安全《あんぜん》チェックのためニャ
今回《こんかい》のようなわずか1年《ねん》ほどでのワクチン開発《かいはつ》は過去《かこ》に例《れい》がニャイ
ほう
ワクチンができるまで
はしかワクチン：10年《ねん》ぐらい
子宮頸《しきゅうけい》がんワクチン：25年《ねん》
髄膜炎菌《ずいまくえんきん》ワクチン：～100年《ねん》
チフスワクチン：～100年《ねん》
エイズワクチン：まだできていない
マラリアワクチン：まだできていない
百年物か〜
いかに緊急性《きんきゅうせい》が高《たか》かったかがわかるね…

「こわれたウイルス」を人体内に入れると、免疫系《めんえきけい》は「感染《かんせん》した！」と勘違《かんちが》いし、
そのウイルスを標的《ひょうてき》として有利《ゆうり》に戦《たたか》えるよう準備《じゅんび》をします。
これにより、実際《じっさい》にウイルスによる感染《かんせん》を受けた際《さい》にも
素早《すばや》く抗体《こうたい》（ウイルスに対するミサイルのような分子〈タンパク質《しつ》〉）が作られ、
症状《しょうじょう》を軽く抑《おさ》えることができるというわけです。

新型《しんがた》コロナに対しては、ウイルスではなく「ウイルスの設計図《せっけいず》の一部」を
注射《ちゅうしゃ》するという方法《ほうほう》がとられています。これは、

「打ち込《こ》まれた新型《しんがた》コロナウイルスの設計図《せっけいず》に従《したが》ってヒトの細胞《さいぼう》がタンパク質《しつ》を作る」
↓
「そのタンパク質《しつ》を認識《にんしき》した免疫系《めんえきけい》が刺激《しげき》され、
ウイルスに対する抗体《こうたい》が素早《すばや》く作られるようになる」
↓
「実際《じっさい》の感染《かんせん》を受けても重症化《じゅうしょうか》しにくくなる」

という仕掛《しか》けです。
自由自在《じゆうじざい》にワクチンの設計図《せっけいず》を取り替《か》え、
短期間《たんきかん》に大量《たいりょう》のワクチンを準備《じゅんび》できる、といった点がこの方法《ほうほう》の大きなメリットです。

35話　ウイルス対策《たいさく》としての治療薬開発《ちりょうやくかいはつ》

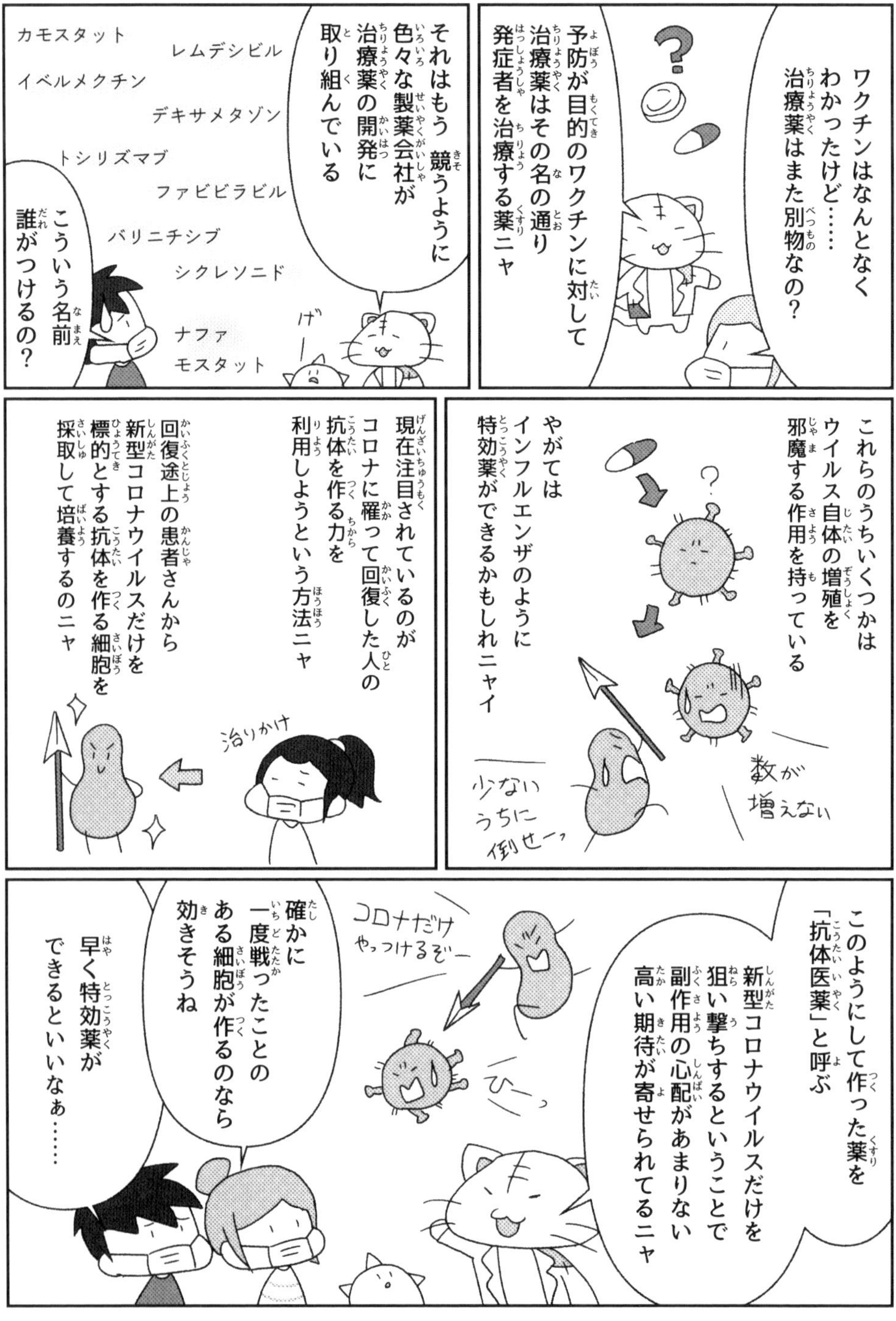

ワクチンはなんとなくわかったけど……治療薬《ちりょうやく》はまた別物《べつもの》なの？
予防《よぼう》が目的《もくてき》のワクチンに対《たい》して治療薬《ちりょうやく》はその名《な》の通《とお》り発症者《はっしょうしゃ》を治療《ちりょう》する薬《くすり》ニャ
それはもう競《きそ》うように色々《いろいろ》な製薬会社《せいやくがいしゃ》が治療薬《ちりょうやく》の開発《かいはつ》に取《と》り組《く》んでいる
カモスタット
レムデシビル
イベルメクチン
デキサメタゾン
トシリズマブ
ファビピラビル
バリニチシブ
シクレソニド
ナファモスタット
ゲ
こういう名前《なまえ》誰《だれ》がつけるの？
これらのうちいくつかはウイルス自体《じたい》の増殖《ぞうしょく》を邪魔《じゃま》する作用《さよう》を持《も》っている
やがてはインフルエンザのように特効薬《とっこうやく》ができるかもしれニャイ
？
数が増えない
少ないうちに倒せーっ
現在注目《げんざいちゅうもく》されているのがコロナに罹《かか》って回復《かいふく》した人《ひと》の抗体《こうたい》を作《つく》る力《ちから》を利用《りよう》しようという方法《ほうほう》ニャ
回復途上《かいふくとじょう》の患者《かんじゃ》さんから新型《しんがた》コロナウイルスだけを標的《ひょうてき》とする抗体《こうたい》を作《つく》る細胞《さいぼう》を採取《さいしゅ》して培養《ばいよう》するのニャ
治りかけ
このようにして作《つく》った薬《くすり》を「抗体医薬《こうたいいやく》」と呼《よ》ぶ
新型《しんがた》コロナウイルスだけを狙《ねら》い撃《う》ちするということで副作用《ふくさよう》の心配《しんぱい》があまりない高《たか》い期待《きたい》が寄《よ》せられてるニャ
コロナだけやっつけるぞー
ひーっ
確《たし》かに一度戦《いちどたたか》ったことのある細胞《さいぼう》が作《つく》るのなら効《き》きそうね
早《はや》く特効薬《とっこうやく》ができるといいなぁ……

ウイルスに感染《かんせん》し発症《はっしょう》した場合、
人体に備《そな》わる免疫系《めんえきけい》はウイルスを異物《いぶつ》として認識《にんしき》し、それを排除《はいじょ》しようとします。
このとき、免疫系《めんえきけい》の有効《ゆうこう》な武器《ぶき》となるのが「抗体《こうたい》」というタンパク質《しつ》です。
抗体《こうたい》は、特定《とくてい》の異物《いぶつ》（この場合はウイルス）に対してのみ結合《けつごう》し、
次のような働《はたら》きをします。

1. 異物《いぶつ》に結合《けつごう》して「中和、無力化《むりょくか》する」
2. 仲間《なかま》のタンパク質《しつ》とともに相手を「破壊《はかい》する」
3. 自分がくっついた相手を「白血球に食べてもらいやすくする」

ちなみに人体には少なくとも100万通りを超《こ》える抗体《こうたい》を作る準備《じゅんび》があり、
どのような異物《いぶつ》が入ってきてもそれによくマッチした抗体《こうたい》を作ることができるといわれています。

新型《しんがた》コロナウイルスに感染《かんせん》し、回復《かいふく》の過程《かてい》をたどっている患者《かんじゃ》さんの体内には
「新型《しんがた》コロナウイルスに対する抗体《こうたい》を作る細胞《さいぼう》」がたくさんあります。
その細胞《さいぼう》を入手し、抗体《こうたい》を大量生産《たいりょうせいさん》させることで、
予防《よぼう》や治療《ちりょう》に用いようというのが「抗体医薬《こうたいいやく》」の考え方です。
化学物質《かがくぶっしつ》に代わる新しい技術《ぎじゅつ》としてこれからの展開《てんかい》が期待されています。

36話　変異《へんい》ウイルスと免疫《めんえき》の追《お》いかけっこ

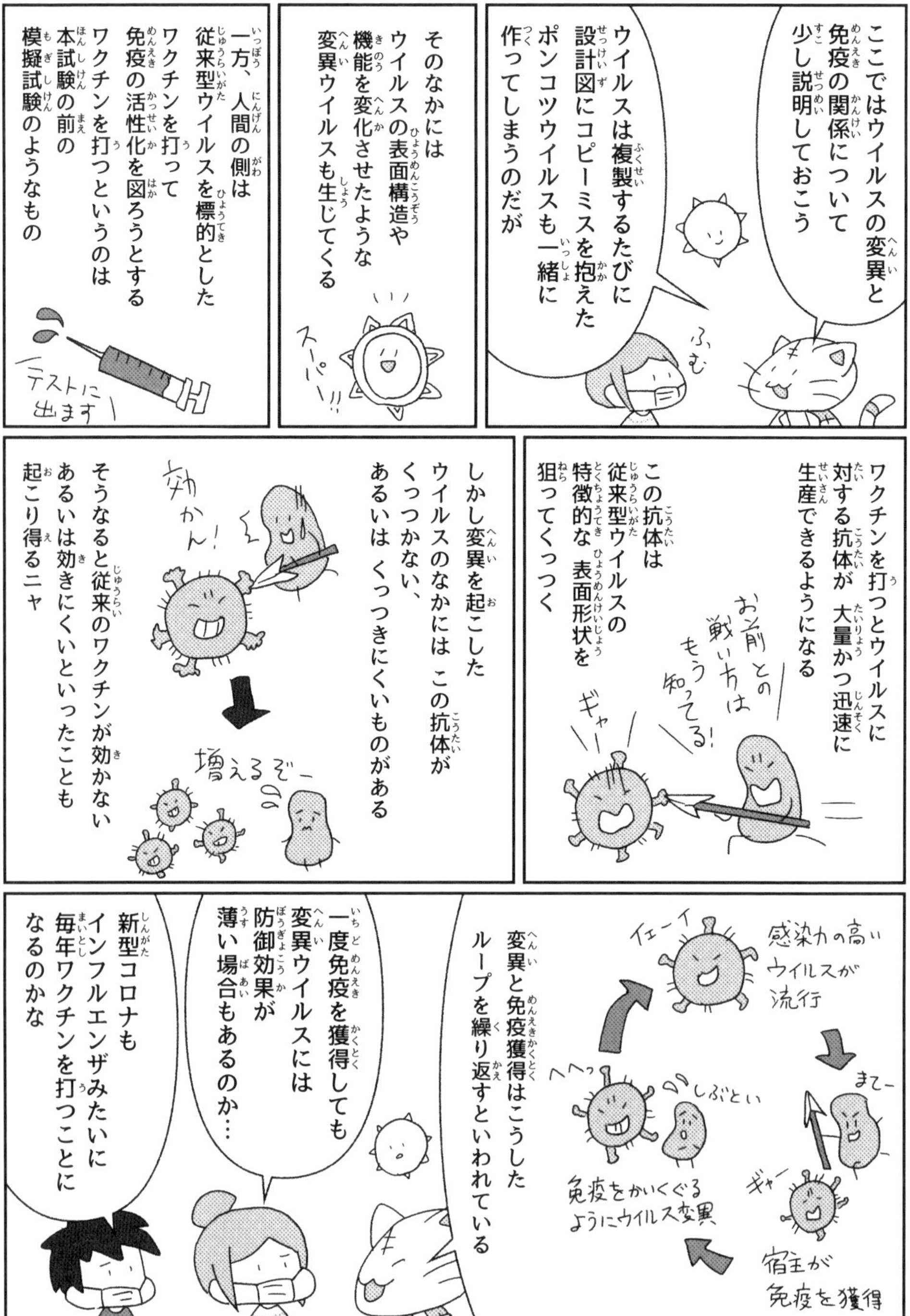
ここではウイルスの変異《へんい》と免疫《めんえき》の関係《かんけい》について少《すこ》し説明《せつめい》しておこう
ふむ
ウイルスは複製《ふくせい》するたびに設計図《せっけいず》にコピーミスを抱《かか》えたポンコツウイルスも一緒《いっしょ》に作《つく》ってしまうのだが
そのなかにはウイルスの表面構造《ひょうめんこうぞう》や機能《きのう》を変化《へんか》させたような変異《へんい》ウイルスも生《しょう》じてくる
スーパー!!
一方《いっぽう》、人間《にんげん》の側《がわ》は従来型《じゅうらいがた》ウイルスを標的《ひょうてき》としたワクチンを打《う》って免疫《めんえき》の活性化《かっせいか》を図《はか》ろうとする
ワクチンを打《う》つというのは本試験《ほんしけん》の前《まえ》の模擬試験《もぎしけん》のようなもの
テストに出ます!
ワクチンを打《う》つとウイルスに対《たい》する抗体《こうたい》が大量《たいりょう》かつ迅速《じんそく》に生産《せいさん》できるようになる
この抗体《こうたい》は従来型《じゅうらいがた》ウイルスの特徴的《とくちょうてき》な表面形状《ひょうめんけいじょう》を狙《ねら》ってくっつく
お前との戦い方はもう知ってる!
ギャ
しかし変異《へんい》を起《お》こしたウイルスのなかにはこの抗体《こうたい》がくっつかない、あるいはくっつきにくいものがある
効かん!
増えるぞー
そうなると従来《じゅうらい》のワクチンが効《き》かないあるいは効《き》きにくいといったことも起《お》こり得《え》るニャ
変異《へんい》と免疫獲得《めんえきかくとく》はこうしたループを繰《く》り返《かえ》すといわれている
イェーイ
感染力の高いウイルスが流行
まてー
ギャー
宿主が免疫を獲得
免疫をかいくぐるようにウイルス変異
ヘヘっ
しぶとい
一度《いちど》免疫《めんえき》を獲得《かくとく》しても変異《へんい》ウイルスには防御効果《ぼうぎょこうか》が薄《うす》い場合《ばあい》もあるのか…
新型《しんがた》コロナもインフルエンザみたいに毎年《まいとし》ワクチンを打《う》つことになるのかな

あるウイルスに感染《かんせん》したとき、体内ではそれを攻撃《こうげき》する免疫系《めんえきけい》が作動します。
これは、目標物《もくひょうぶつ》だけを特異的《とくいてき》に攻撃《こうげき》する非常《ひじょう》に優《すぐ》れた仕組みです。

しかし、変異《へんい》したウイルス、
すなわち少しばかり構造《こうぞう》が変化《へんか》したウイルスが侵入《しんにゅう》してきた場合、
免疫系《めんえきけい》はあまりにも「特異的《とくいてき》」すぎて、
その変異《へんい》ウイルスを見逃《みのが》してしまうことがあります。
この場合、変異《へんい》ウイルスは免疫系《めんえきけい》に邪魔《じゃま》されることなく体内で増殖《ぞうしょく》することが可能《かのう》です。

一方、免疫系《めんえきけい》は、改《あらた》めてその変異《へんい》ウイルスに対する抗体《こうたい》を作る準備《じゅんび》を進めます。
これにより、次に同じ変異《へんい》ウイルスが侵入《しんにゅう》してきても即座《そくざ》に対応《たいおう》できるので、
軽症《けいしょう》で抑《おさ》えることができるようになります。

変異《へんい》ウイルスの感染《かんせん》
↓免疫側《めんえきがわ》が防御体制《ぼうぎょたいせい》を作る
↓次の変異《へんい》ウイルスが免疫《めんえき》をかいくぐって感染《かんせん》
↓免疫側《めんえきがわ》が新たな防御体制《ぼうぎょたいせい》を作る
↓さらに変異《へんい》したウイルスに感染《かんせん》・・・。
そんなモグラたたきのようなことが、実際《じっさい》に体のなかで起きているのです。

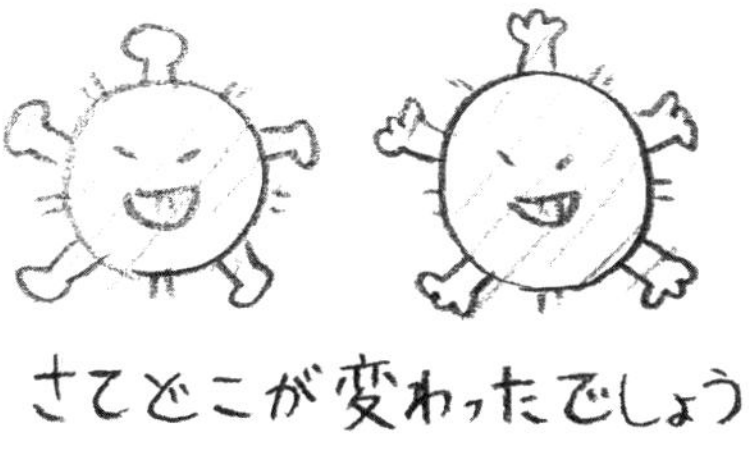

37話　超《ちょう》しぶといノロウイルスに気《き》をつけよう

きわめて頑丈《がんじょう》な
小型《こがた》ウイルスとして
知《し》られるのがノロウイルス
全体《ぜんたい》が頑丈《がんじょう》な
タンパク質《しつ》で
覆《おお》われている
象がふんでも
壊れない
非常《ひじょう》に激《はげ》しい
下痢《げり》・嘔吐《おうと》を引《ひ》き起《お》こす
生食
カキなど
小腸で増殖
苦しい症状
う●こやゲロです
???
下水処理
生《なま》ガキには
気《き》をつけろって
いうよね
でも美味《おい》しいのよ～
ちなみにノロウイルスは
石鹸《せっけん》やアルコールでも
完全《かんぜん》に除去《じょきょ》するのが
なかなか難《むずか》しい
ふはは
手洗い
アルコール
なんてやつなの
もしもノロウイルスを
完全除去《かんぜんじょきょ》したいなら
有効《ゆうこう》なのは漂白剤《ひょうはくざい》ニャ！
あるいは85度《ど》で1分《ぷん》
ノロウイルスを加熱《かねつ》する
ギャッ
ひぃぃぃ
漂白剤
漂白剤《ひょうはくざい》では
手《て》は洗《あら》えないな……
85度もムリ
手が荒れる
吐《は》いた後《あと》の洋服《ようふく》とか
雑巾《ぞうきん》の処理《しょり》にはいいかも
感染者《かんせんしゃ》のゲロの処理《しょり》には
気《き》をつけるニャ
小さいけどパワフル
舞《ま》い上《あ》がり空気感染《くうきかんせん》も起《お》こす
とあるホテルでは
客《きゃく》のゲロの処理後《しょりご》に掃除機《そうじき》を
使《つか》った結果《けっか》 大量《たいりょう》のノロウイルスが
空気中《くうきちゅう》にばらまかれてしまい
何十人《なんじゅうにん》と感染《かんせん》したこともある
ふいてから
念入りに掃除機
フィルターから放出
怖《こわ》っ!!
今《いま》ではノロウイルスへの
効果《こうか》を高《たか》めた手指消毒薬《てゆびしょうどくやく》なども
市販《しはん》されている
寒《さむ》い時期《じき》にはとくに気《き》をつけてニャ

ノロウイルス感染症《かんせんしょう》は、カキなどの二枚貝《にまいがい》の生食によって起こります。
そう聞くと、ノロウイルスの宿主《しゅくしゅ》は二枚貝《にまいがい》かと思ってしまいますよね。
実はそうではありません。
ノロウイルスが増殖《ぞうしょく》するのはヒトの腸管細胞《ちょうかんさいぼう》においてのみであり、
二枚貝《にまいがい》のなかでは増殖《ぞうしょく》できません。
ではなぜ二枚貝《にまいがい》はノロウイルスを持っているのでしょう。

ノロウイルスは、感染者《かんせんしゃ》から糞便《ふんべん》とともに排泄《はいせつ》され、
やがて下水処理場《げすいしょりじょう》で処理《しょり》されます。
しかし一部のウイルスは取り除《のぞ》かれないまま川や海に放出されます。
二枚貝《にまいがい》は、海水を濾過《ろか》して得《え》られるプランクトンを餌《えさ》とします。
このときウイルスも一緒《いっしょ》に濾過濃縮《ろかのうしゅく》され、二枚貝《にまいがい》の内臓《ないぞう》に蓄積《ちくせき》されます。
その貝《かい》をヒトが食べると、激《はげ》しい下痢《げり》を催《もよお》してトイレへ・・・というわけです。
ノロウイルスが本当にヒトの腸管細胞《ちょうかんさいぼう》でしか増《ふ》えられないウイルスだとしたら、
私《わたし》たちの食文化がそのライフサイクルを支《ささ》えている、ということになりますね。

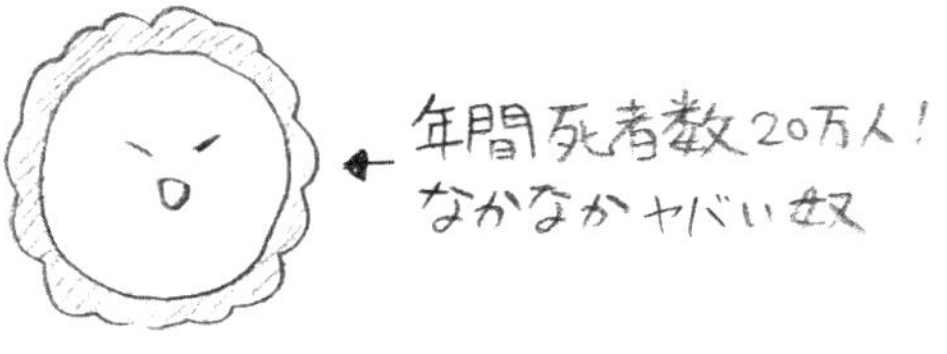

38話　ウイルスが細菌感染症《さいきんかんせんしょう》の切《き》り札《ふだ》に?

抗生物質《こうせいぶっしつ》って知《し》っているかニャ?
風邪《かぜ》とか病気《びょうき》のときにもらう薬《くすり》でしょ
知ってる
そうだニャ 抗生物質《こうせいぶっしつ》は主《おも》に細菌《さいきん》の増殖《ぞうしょく》を抑《おさ》えるために用《もち》いられる
今だ やっつけろー
増えられない…
抗生物質《こうせいぶっしつ》が見《み》つかっていなかった時代《じだい》細菌感染症《さいきんかんせんしょう》は命《いのち》に関《かか》わる病気《びょうき》だった
最初《さいしょ》に発見《はっけん》された抗生物質《こうせいぶっしつ》ペニシリンは「魔法《まほう》の薬《くすり》」と呼《よ》ばれ人類《じんるい》の医学《いがく》に革命《かくめい》がもたらされたニャ
まぁ これを飲めば とにかく 治りますから
きせきだ…!
抗生物質《こうせいぶっしつ》すごい
ところが人類《じんるい》はちょいと調子《ちょうし》に乗《の》って抗生物質《こうせいぶっしつ》を使《つか》いすぎた そのため耐性《たいせい》を持《も》つ細菌《さいきん》が現《あらわ》れてきたのニャ
これあげる
あの薬をやりすごす方法!?
しかも耐性《たいせい》の設計図《せっけいず》を他《ほか》の細菌《さいきん》にも気前《きまえ》よく分《わ》け与《あた》えるもんだからどんどん抗生物質《こうせいぶっしつ》が効《き》かない種類《しゅるい》が増《ふ》え続《つづ》けている
それはとてもヤバいのでは?
めっちゃヤバいニャ そこで今注目《いまちゅうもく》されているのがウイルスを利用《りよう》した「ファージ療法《りょうほう》」ニャ
ファージは特定《とくてい》の細菌《さいきん》しか攻撃《こうげき》しないから腸内細菌《ちょうないさいきん》などには影響《えいきょう》することなく標的《ひょうてき》の細菌《さいきん》だけを殺《ころ》すメリットがある
待てーっ
ギャーッ
抗生物質《こうせいぶっしつ》が完全《かんぜん》に効《き》かなくなっちゃう前《まえ》にこの治療法《ちりょうほう》が普及《ふきゅう》してほしいね

1928年のこと、英国《えいこく》のフレミングによって世界初《はつ》の抗生物質《こうせいぶっしつ》である「ペニシリン」が発見されました。
彼《かれ》がこの物質《ぶっしつ》の存在《そんざい》に気づいたきっかけは、「ガラスシャーレ内で培養《ばいよう》していた細菌《さいきん》が、混入《こんにゅう》したアオカビの周《まわ》りだけ生えない」という現象《げんしょう》に偶然《ぐうぜん》気がついたことでした。
餅《もち》やパンに生えるあの青緑色のカビがすごい薬《くすり》を作ってくれるというのはいささか意外ですね。

抗生物質《こうせいぶっしつ》が見出されるまで、細菌感染症《さいきんかんせんしょう》は人類《じんるい》にとって大きな脅威《きょうい》でした。

しかし1940年代に入り大量生産《たいりょうせいさん》されるようになったペニシリンは、細菌感染症《さいきんかんせんしょう》との戦《たたか》いにおける強力《きょうりょく》な武器《ぶき》となりました。

それまで救《すく》えなかった命が救《すく》えるようになり、抗生物質《こうせいぶっしつ》は「魔法《まほう》の薬《くすり》」と呼《よ》ばれました。

さらにその後、ストレプトマイシン等の強力な抗生物質《こうせいぶっしつ》が発見され、人類《じんるい》は細菌《さいきん》との戦《たたか》いに完全勝利《かんぜんしょうり》したかに思われました。


しかし、細菌《さいきん》はそんなにやわではありませんでした。

抗生物質《こうせいぶっしつ》に対して「耐性《たいせい》」を持つものが徐々《じょじょ》に増《ふ》え始めたのです。

細菌《さいきん》は、耐性《たいせい》の本体である「抗生物質破壊酵素《こうせいぶっしつはかいこうそ》の設計図《せっけいず》」を、同種《どうしゅ》の細菌《さいきん》間はもちろん、全く異《こと》なる種《しゅ》の細菌同士《さいきんどうし》でもやりとりします。

そのため、抗生物質《こうせいぶっしつ》に耐性《たいせい》を持つものがどんどん増《ふ》えていきました。

複数《ふくすう》の抗生物質《こうせいぶっしつ》を使っても制御《せいぎょ》できない「多剤耐性菌《たざいたいせいきん》」も増《ふ》えてきたため、人類《じんるい》は今、細菌《さいきん》との新たな戦《たたか》い方の模索《もさく》を余儀《よぎ》なくされています。

「ファージ療法《りょうほう》」はそのための一つの選択肢《せんたくし》です（39話参照《さんしょう》）。

39話　ウイルスを全米《ぜんべい》のヒーローたらしめた出来事《できごと》

このファージ療法《りょうほう》が広《ひろ》く知《し》られる
こととなったのは2016年《ねん》のこと
トム・パターソンというアメリカの
男性《だんせい》が感染症《かんせんしょう》にかかった
パターソン夫婦
そんな最近《さいきん》の出来事《できごと》なの!?
細菌《さいきん》に侵《おか》されたトム氏《し》は
抗生物質《こうせいぶっしつ》が効《き》かず
病状《びょうじょう》が悪化《あっか》していた
アシネトバクターという細菌
最悪《さいあく》のケースも
覚悟《かくご》しろと伝《つた》えられた
パターソン夫人《ふじん》は——
諦《あきら》めなかった
調べたるわ!
調《しら》べに調《しら》べた夫人《ふじん》は
夫《おっと》をむしばんでいる
細菌《さいきん》を宿主《しゅくしゅ》とする
ファージに関《かん》する
論文《ろんぶん》にたどりつき……
これよ!
2014
担当医《たんとうい》のスクーリー博士《はかせ》に相談《そうだん》
患者《かんじゃ》の治療《ちりょう》が
手遅《ておく》れになっては
元《もと》も子《こ》もないので
許可《きょか》します
OK
米政府はやっ
前例《ぜんれい》のない治療《ちりょう》ということだったが
行政《ぎょうせい》の許可《きょか》はすぐに下《お》りた
また、トム氏《し》の持《も》つ細菌株《さいきんかぶ》に適合《てきごう》する
ファージを集《あつ》める必要《ひつよう》があったが
多《おお》くの人《ひと》たちの協力《きょうりょく》により
その壁《かべ》もクリア
軍
博士
ファージ
治療《ちりょう》の余地《よち》なしとまでいわれたトム氏《し》に
ファージ治療《ちりょう》が施《ほどこ》されてから3日目《かめ》
なんとトム氏《し》は意識《いしき》を取《と》り戻《もど》した
ここは?
あなたーっ
よかったわ
5カ月後《げつご》には無事《ぶじ》に退院《たいいん》
この件《けん》はパターソン症例《しょうれい》と
名《な》づけられたニャ
奥様《おくさま》の愛《あい》が
素晴《すば》らしいわ
ファージ療法《りょうほう》
本当《ほんとう》に早《はや》く普及《ふきゅう》するといいね

ファージ療法《りょうほう》を最初《さいしょ》に行ったのは、フランスのデレーユです（47話）。
彼《かれ》は生涯《しょうがい》の一時期、東欧《とうおう》のグルジア（現《げん》ジョージア）にいました。
現在《げんざい》でもジョージア、ポーランド、ロシアでは、
ファージを利用《りよう》した薬品《やくひん》が病院《びょういん》や薬局《やっきょく》で使われています。
抗生物質《こうせいぶっしつ》の普及《ふきゅう》に伴《ともな》い西側諸国《にしがわしょこく》ではファージ療法《りょうほう》はすたれましたが、
これらの国ではこの技術《ぎじゅつ》が受け継《つ》がれてきていたというわけです。

抗生物質《こうせいぶっしつ》が細菌感染症《さいきんかんせんしょう》への特効薬《とっこうやく》でなくなりつつある今、
再《ふたた》びファージ療法《りょうほう》に注目が集まっています。
漫画《まんが》に示《しめ》したパターソン症例《しょうれい》は
まさにファージ療法《りょうほう》の実力を示《しめ》すエピソードといえるでしょう。
ただしこれは、政府《せいふ》、医師《いし》、軍《ぐん》、研究者など関係者《かんけいしゃ》らすべての
全面的協力《ぜんめんてききょうりょく》があってこそ実現《じつげん》された事例《じれい》でした。
また実際《じっさい》の治療《ちりょう》には、複数種《ふくすうしゅ》のファージに加《くわ》え
抗生物質《こうせいぶっしつ》が併用《へいよう》されました。

将来《しょうらい》、ファージを成分《せいぶん》とした医薬品がコンビニの薬局で
買える日が来るのかもしれません。

コラム
「ウイルスと免疫《めんえき》のせめぎ合い」

2021年現在《げんざい》、次々と現《あらわ》れる新型《しんがた》コロナウイルスの変異株《へんいかぶ》。その流行に人類《じんるい》は苦戦《くせん》を強いられています。「変異《へんい》ウイルス！」と聞くと、「これまでとは全く違《ちが》う新たな恐《おそ》ろしいウイルス」が出現《しゅつげん》したかのように思われるかもしれませんが、そうではありません。実際《じっさい》には、それまで流行していたウイルス株《かぶ》からほんの少しだけ「設計図《せっけいず》」と「部品の形」が変化したウイルス株《かぶ》が流行しているということです。

いま人類《じんるい》は、ワクチンを使って新型《しんがた》コロナウイルスと戦《たたか》おうとしています。これは、34話で紹介《しょうかい》したように、ウイルスの部品の形を体内の免疫細胞《めんえきさいぼう》に学習させて、実際《じっさい》のウイルス感染《かんせん》に備《そな》えさせようとする戦略《せんりゃく》です。免疫細胞《めんえきさいぼう》は与《あた》えられたウイルス部品に合う「抗《こう》体《たい》」を効率《こうりつ》よく作るための準備《じゅんび》をします。

しかし、ウイルス側《がわ》の変異《へんい》の度合いが大きく、ワクチンで学習させたウイルス部品の構造《こうぞう》か大きく変《か》わってしまった場合、せっかく準備《じゅんび》した抗体生産体制《こうたいせいさんたいせい》が十分に機能《きのう》しない可能性《かのうせい》があります。「頑《がん》張《ば》って準備《じゅんび》してたのに、予習してたウイルス株《かぶ》と違《ちが》うタイプが侵《しん》入《にゅう》してきた！」ということが起こり得《え》るわけです。

ウイルス側《がわ》からこの現象《げんしょう》を見れば、いま使われているワクチンで防御《ぼうぎょ》されてしまうウイルス株《かぶ》はもう通用しない、少し形の変《か》わった変異株《へんいかぶ》なら感染《かんせん》を広げられる、ということになります。野球でたとえるなら、「相手は直球に狙《ねら》いを定めてきている、変化球《へんかきゅう》でかわしていこうぜ」という感じでしょうか。このように、ウイルスと免疫《めんえき》はお互《たが》いに「せめぎ合う」関係《かんけい》にあります。

第4章

今こそ学ぼう
ウイルス発見物語

40話　とてつもなく小《ちい》さな病原体《びょうげんたい》が見《み》つかった

さて、最後《さいご》の章《しょう》では
ウイルス研究《けんきゅう》の
歴史《れきし》を紐解《ひもと》くニャ
誰《だれ》がいつ
ウイルスなんて小《ちい》さいもの
発見《はっけん》したんだろ
1890年代《ねんだい》
ロシアの生物学者《せいぶつがくしゃ》イワノフスキーは
タバコの葉《は》に起《お》こる病気《びょうき》を研究《けんきゅう》していた
タバコの葉にできるモザイク病
病気《びょうき》を起《お》こした
葉《は》っぱをすり潰《つぶ》して
健康《けんこう》な葉《は》に塗《ぬ》ると
同《おな》じ病気《びょうき》が起《お》きる…
病原体《びょうげんたい》はこのなかにいるな
よしよし
ってことは
あとは顕微鏡《けんびきょう》を
使《つか》って原因菌《げんいんきん》を
見《み》つけるだけだ
楽勝
しかしいくら探《さが》しても
病原体《びょうげんたい》は見《み》つからない
濾過器
細菌《さいきん》をすべて除《のぞ》ける
最新《さいしん》の濾過器《ろかき》を使《つか》っても
病原体《びょうげんたい》はすり抜《ぬ》けた
通れない!
細菌
当時《とうじ》はまだ細菌《さいきん》よりも
小《ちい》さい病原体《びょうげんたい》がいるなんて
誰《だれ》も考《かんが》えていなかった
しかもウイルスを見《み》る
方法《ほうほう》もなかった
ウイルス
細菌
悩《なや》んだイワノフスキーは
こう論文《ろんぶん》に書《か》き残《のこ》している
「この病原体《びょうげんたい》の正体《しょうたい》は
①毒素《どくそ》を放出《ほうしゅつ》する細菌《さいきん》 または
②濾過器《ろかき》さえ通過《つうか》する微小《びしょう》な細菌《さいきん》と推定《すいてい》される」
毒だけでも送ったろ
①
②
イェーイ
②番《ばん》めちゃくちゃ惜《お》しい!
ウイルスの本質《ほんしつ》を見抜《みぬ》くには
いたらなかったけれど
濾過性病原体《ろかせいびょうげんたい》の存在《そんざい》を
最初《さいしょ》に報《ほう》じた
イワノフスキーを
世界初《せかいはつ》のウイルス
発見者《はっけんしゃ》とする
教科書《きょうかしょ》も多《おお》くあるのニャ
とくにロシア
論文
へぇ〜
ウイルス学《がく》
創世期《そうせいき》の
重要《じゅうよう》な発見《はっけん》だよね

イワノフスキーが実験《じっけん》に使った濾過器《ろかき》は、
実際《じっさい》にホテルやレストランなどで浄水用《じょうすいよう》に使われていた優《すぐ》れモノ。
それもそのはず、この濾過器《ろかき》を考案《こうあん》したシャンベランは、
あの「近代細菌学《さいきんがく》の父」と呼《よ》ばれるパスツールのお弟子さんでした。
二人の特許《とっきょ》に基《もと》づくこの濾過器《ろかき》は、日常《にちじょう》の生活のみならず学術《がくじゅつ》分野、
たとえば細菌毒素《さいきんどくそ》の濾過抽出《ろかちゅうしゅつ》といった研究にも便利《べんり》なツールとして利用《りよう》されました。

しかし何より特筆《とくひつ》すべきは、
「この機器《きき》があったからこそ濾過性病原体《ろかせいびょうげんたい》に注目することができた、
そしてそれがウイルスの発見に繋《つな》がった」ということです。

今でもウイルス研究において、「濾過《ろか》」はよく使われる手法《しゅほう》です。
最近《さいきん》では注射器《ちゅうしゃき》の先に使い捨《す》てのフィルターをつけて、
指でちょっと圧《あつ》をかけるだけで
濾過《ろか》することができるようになりました。
昔に比《くら》べるとずいぶんとお手軽になったといえるでしょう。

41話　未知《みち》なる微小病原体《びしょうびょうげんたい》をめぐる見事《みごと》な考察《こうさつ》

さてそれから数年後《すうねんご》
オランダでは
ベイエリンクが
同《おな》じ病原体《びょうげんたい》を見《み》つけ
実験《じっけん》を行《おこな》っていた
ベイエリンクは
より深《ふか》い考察《こうさつ》をした
うーむ…
この病原体《びょうげんたい》が濾過器《ろかき》を
通過《つうか》してくるなら
これまで知《し》られている細菌《さいきん》より
ずっと小《ちい》さいことになる
通れん
未知の小ささ？
また、この病原体《びょうげんたい》は毒素《どくそ》ではない
なぜなら、希釈《きしゃく》しても希釈《きしゃく》しても
新《あたら》しい葉《は》に植《う》え付《つ》ければ
増殖《ぞうしょく》するから
どんなに水で薄めても
希釈→接種→希釈→接種でも病気を起こす
ということは
こいつの正体《しょうたい》は
小《ちい》さな孔《あな》をも通《とお》り抜《ぬ》ける
液状《えきじょう》の伝染性病原体《でんせんせいびょうげんたい》
ウイルスだ！
液体説！
ベイエリンクはこの結果《けっか》を
1898年《ねん》に論文《ろんぶん》で報告《ほうこく》
これが世界《せかい》で初《はじ》めてのウイルスの
発見《はっけん》だと考《かんが》える人《ひと》も多《おお》い
ちなみに後《あと》になって
この論文《ろんぶん》の内容《ないよう》を知《し》った
イワノフスキーはこう主張《しゅちょう》した
この病原体《びょうげんたい》の濾過性《ろかせい》を
最初《さいしょ》に見《み》つけたのは
この私《わたし》だ！
まぁその気持《きも》ちはわかる
だがイワノフスキーは
この病原体《びょうげんたい》がウイルスではなく
小《ちい》さな細菌《さいきん》か毒素《どくそ》であると
その後《ご》も信《しん》じていたようニャ
見えないけど病原体を培地で培養できたし
惜《お》しい…
実《じつ》に惜《お》しい…
ちなみにこのウイルスの
正体《しょうたい》がわかったのは
彼《かれ》ら二人《ふたり》が亡《な》くなった後《あと》
1930年代《ねんだい》に電子顕微鏡《でんしけんびきょう》が
発明《はつめい》されてからのことニャ
タバコモザイクウイルス
生《い》きてるうちに
一目見《ひとめみ》られたら
きっと二人《ふたり》ともすごく
感動《かんどう》しただろうね〜

イワノフスキーは、タバコモザイクウイルスの濾過性《ろかせい》（濾過器《ろかき》を通り抜《ぬ》ける性質《せいしつ》）を
最初《さいしょ》に報《ほう》じました。
ただし彼《かれ》は、その正体を「毒素《どくそ》」または「濾過器《ろかき》で濾《こ》しとれないほど小さな細菌《さいきん》」と
考えていたようです。
また後年には、この病原体《びょうげんたい》を培地《ばいち》を使って増殖《ぞうしょく》させることができたとも報《ほう》じています。

これに対してベイエリンクは、この濾過性病原体《ろかせいびょうげんたい》が
「液体性《えきたいせい》の、伝染性《でんせんせい》を持つ病原体《びょうげんたい》（ウイルス）」であると考察《こうさつ》しました。
そして、この病原体《びょうげんたい》が細胞分裂《さいぼうぶんれつ》している植物体の器官《きかん》のみに感染《かんせん》すること、
乾燥《かんそう》には強いが熱《ねつ》には弱いこと、土のなかで越冬《えっとう》できることなど、
その性質《せいしつ》を詳細《しょうさい》に調べ上げて報告《ほうこく》しました。

長きにわたり植物ウイルスの最初《さいしょ》の発見者はイワノフスキーとされてきました。
しかし、彼《かれ》ら二人の論文《ろんぶん》の内容《ないよう》などを改《あらた》めて精査《せいさ》した結果《けっか》、
今ではタバコモザイクウイルスの発見者をベイエリンクとすることで
議論《ぎろん》が一致《いっち》しているようです。

42話 動物《どうぶつ》ウイルス発見物語《はっけんものがたり》 与《あた》えられた試練《しれん》

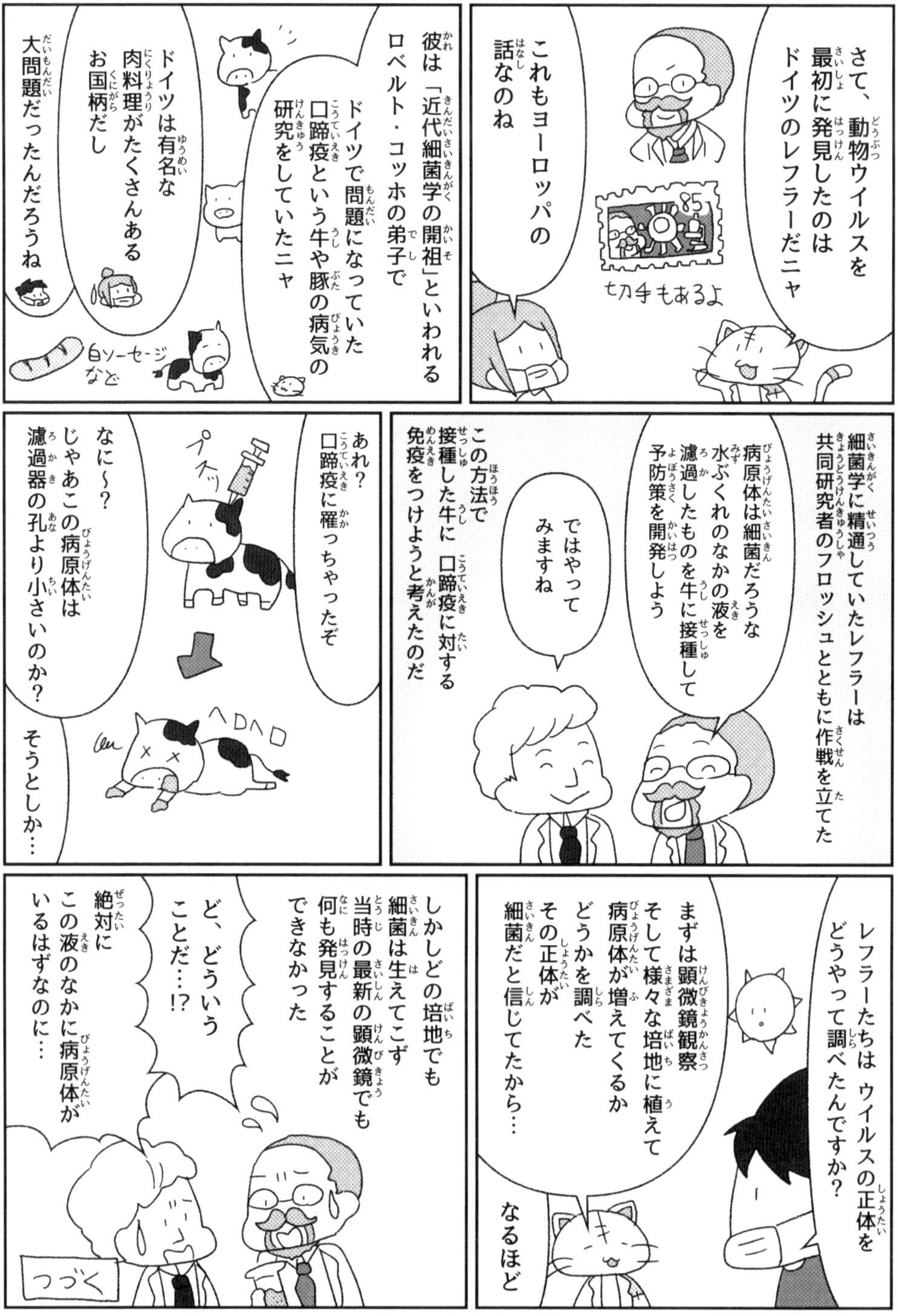
さて、動物《どうぶつ》ウイルスを最初《さいしょ》に発見《はっけん》したのはドイツのレフラーだニャ
85
切手もあるよ
これもヨーロッパの話《はなし》なのね
彼《かれ》は「近代細菌学《きんだいさいきんがく》の開祖《かいそ》」といわれるロベルト・コッホの弟子《でし》で
ドイツで問題《もんだい》になっていた口蹄疫《こうていえき》という牛《うし》や豚《ぶた》の病気《びょうき》の研究《けんきゅう》をしていたニャ
ドイツは有名《ゆうめい》な肉料理《にくりょうり》がたくさんあるお国柄《くにがら》だし
大問題《だいもんだい》だったんだろうね
白ソーセージなど
細菌学《さいきんがく》に精通《せいつう》していたレフラーは共同研究者《きょうどうけんきゅうしゃ》のフロッシュとともに作戦《さくせん》を立《た》てた
病原体《びょうげんたい》は細菌《さいきん》だろうな 水《みず》ぶくれのなかの液《えき》を濾過《ろか》したものを牛《うし》に接種《せっしゅ》して予防策《よぼうさく》を開発《かいはつ》しよう
ではやってみますね
この方法《ほうほう》で接種《せっしゅ》した牛《うし》に口蹄疫《こうていえき》に対《たい》する免疫《めんえき》をつけようと考《かんが》えたのだ
プスッ
あれ? 口蹄疫《こうていえき》に罹《かか》っちゃったぞ
へロへロ
なに〜? じゃあこの病原体《びょうげんたい》は濾過器《ろかき》の孔《あな》より小《ちい》さいのか?
そうとしか…
レフラーたちは ウイルスの正体《しょうたい》をどうやって調《しら》べたんですか?
まずは顕微鏡観察《けんびきょうかんさつ》 そして様々《さまざま》な培地《ばいち》に植《う》えて病原体《びょうげんたい》が増《ふ》えてくるかどうかを調《しら》べた その正体《しょうたい》が細菌《さいきん》だと信《しん》じてたから…
なるほど
しかしどの培地《ばいち》でも細菌《さいきん》は生《は》えてこず 当時《とうじ》の最新《さいしん》の顕微鏡《けんびきょう》でも何《なに》も発見《はっけん》することができなかった
ど、どういうことだ…!?
絶対《ぜったい》にこの液《えき》のなかに病原体《びょうげんたい》がいるはずなのに…
つづく

19世紀《せいき》は細菌学《さいきんがく》が大きく台頭した時代でした。
それをけん引したのがコッホとパスツールという二人のスーパースターです。

レフラーはコッホの助手を務《つと》め、
当時では最《もっと》も進んだ細菌学《さいきんがく》の知識《ちしき》と技術《ぎじゅつ》を持っていました。
そして、子どもの死病であるジフテリアの原因菌《げんいんきん》を発見するなど、
栄《は》えある業績《ぎょうせき》を挙《あ》げていたエース的《てき》な存在《そんざい》でした。

しかし、フロッシュとともに口蹄疫《こうていえき》の原因究明《げんいんきゅうめい》に乗り出した彼《かれ》もまた、
イワノフスキーやベイエリンクと同様、
病原体《びょうげんたい》の姿《すがた》が見つからないという問題に突《つ》き当たりました。
しかも、その病原体《びょうげんたい》を培養《ばいよう》することすら全くできません。
これまで学んできた細菌学《さいきんがく》の常識《じょうしき》が通用しないことに
レフラーらは気づきます。

見えるはずのものが見えない。増《ふ》えるはずのものが増《ふ》えない。細菌《さいきん》のときとは全然違《ぜんぜんちが》う。
普通《ふつう》なら大いに混乱《こんらん》してもおかしくない展開《てんかい》です。
しかしレフラーらは、問題の本質《ほんしつ》を見誤《みあやま》ることなく、
その解決《かいけつ》に向けて最善《さいぜん》の努力《どりょく》を続《つづ》けました。

43話 驚異《きょうい》の短期決着《たんきけっちゃく》 ウイルスの本質解明《ほんしつかいめい》

レフラーらは考《かんが》えた
もしも病原体《びょうげんたい》が 細菌《さいきん》ではなく毒素《どくそ》だった場合《ばあい》どこまで薄《うす》めたら毒性《どくせい》は無《な》くなるのだろう?
う～む
毒素《どくそ》なら水《みず》で薄《うす》めれば薄《うす》めるほど効果《こうか》が薄《うす》れていくはず
大丈夫
レフラーらは水《みず》ぶくれの液《えき》を豚《ぶた》に植《う》えて発病《はつびょう》させてそこから得《え》た水《みず》ぶくれを薄《うす》めてまた次《つぎ》の豚《ぶた》に…という気《き》の遠《とお》くなるような実験《じっけん》を繰《く》り返《かえ》した
※口蹄疫は豚にも感染する
そして政府《せいふ》の要請《ようせい》を受《う》けてからわずか1年後《ねんご》
この病原体《びょうげんたい》はなんと2兆《ちょう》5000億倍《おくばい》に希釈《きしゃく》しても病原性《びょうげんせい》を失《うしな》わない!! これはもう毒素《どくそ》なんかではないぞ!!
けっして!
さらに濾過実験《ろかじっけん》などを行《おこな》いレフラーらは次《つぎ》の結論《けつろん》に行《い》き着《つ》いた
粒子説!
ずばり口蹄疫《こうていえき》の原因《げんいん》は病原性《びょうげんせい》を持《も》ったきわめて微小《びしょう》な「粒子《りゅうし》」である!
たぶん極小の細菌
早い
電子顕微鏡《でんしけんびきょう》もない時代《じだい》にたった1年《ねん》でこんなに核心《かくしん》に迫《せま》ったんだね
数十年後《すうじゅうねんご》、電子顕微鏡観察《でんしけんびきょうかんさつ》によって口蹄疫《こうていえき》ウイルスの姿《すがた》が明《あき》らかになった
やあ!
ウイルスのなかでも非常《ひじょう》に小《ち》さい種類《しゅるい》で二人《ふたり》の予想《よそう》はおよそ当《あ》たっていた
ちなみに「ウイルスの最初《さいしょ》の発見者《はっけんしゃ》はいったい誰《だれ》か」という件《けん》については依然《いぜん》として人《ひと》によって意見《いけん》が違《ちが》ってるみたいニャ
イワノフスキー
レフラー
ベイエリンク
なんかもう今《いま》となっては
皆《みな》さんありがとうございましたとしか

レフラーらは、シャンベラン濾《ろ》過《か》器《き》よりも目の細かい北里《きたさと》フィルター（北里柴三郎《きたさとしばさぶろう》の発明）が口蹄疫病原体《こうていえきびょうげんたい》を通すかどうか調べました。
すると、シャンベラン濾《ろ》過《か》器《き》を用いたときよりも濾液《ろえき》の毒性《どくせい》は下がりました。

タバコモザイクウイルスの発見者であるベイエリンクが考えたように、
もしこの病原体《びょうげんたい》が「液状《えきじょう》の伝染性《でんせんせい》を持った病原体《びょうげんたい》（液体《えきたい》）」であれば、
孔《あな》が大きかろうが小さかろうが同じように濾《ろ》過《か》器《き》を通り抜《ぬ》けてくるはずです。
すなわち彼《かれ》らの実験結果《じっけんけっか》は、口蹄疫《こうていえき》の原因《げんいん》が「液体《えきたい》」ではなく、
「きわめて微小《びしょう》な病原性粒子《びょうげんせいりゅうし》」であることを示《しめ》しました。

すでにレフラーらは実験《じっけん》により、
「どんなに希釈《きしゃく》しても新しい豚《ぶた》に植え継《つ》いでいくと毒性《どくせい》は維持《いじ》される」ことを知っていました。
これらの結果《けっか》を合わせ、口蹄疫《こうていえき》の病原体《びょうげんたい》は従来《じゅうらい》知られている細菌《さいきん》よりも
はるかに小さい「粒子状最小微生物《りゅうしじょうさいしょうびせいぶつ》」（おそらく極小《ごくしょう》の細菌《さいきん》）であると、彼《かれ》らは結論付《けつろんづ》けました。

ウイルス本体を観察《かんさつ》する方法《ほうほう》がなかった時代に打ち立てられた
「ベイエリンクの液体説《えきたいせつ》」と「レフラーの粒子説《りゅうしせつ》」。
それぞれにウイルスの特性《とくせい》をしっかり把握《はあく》した素晴《すば》らしい仮説《かせつ》だったといえるでしょう。
ちなみにウイルスの姿《すがた》を実際《じっさい》に調べるためには電子顕微鏡《でんしけんびきょう》が必要《ひつよう》です。
その発明は1930年代。タバコモザイクウイルスの観察《かんさつ》が行われたのは、1941年のことです。

44話　バクテリオファージは偶然《ぐうぜん》見《み》つかった

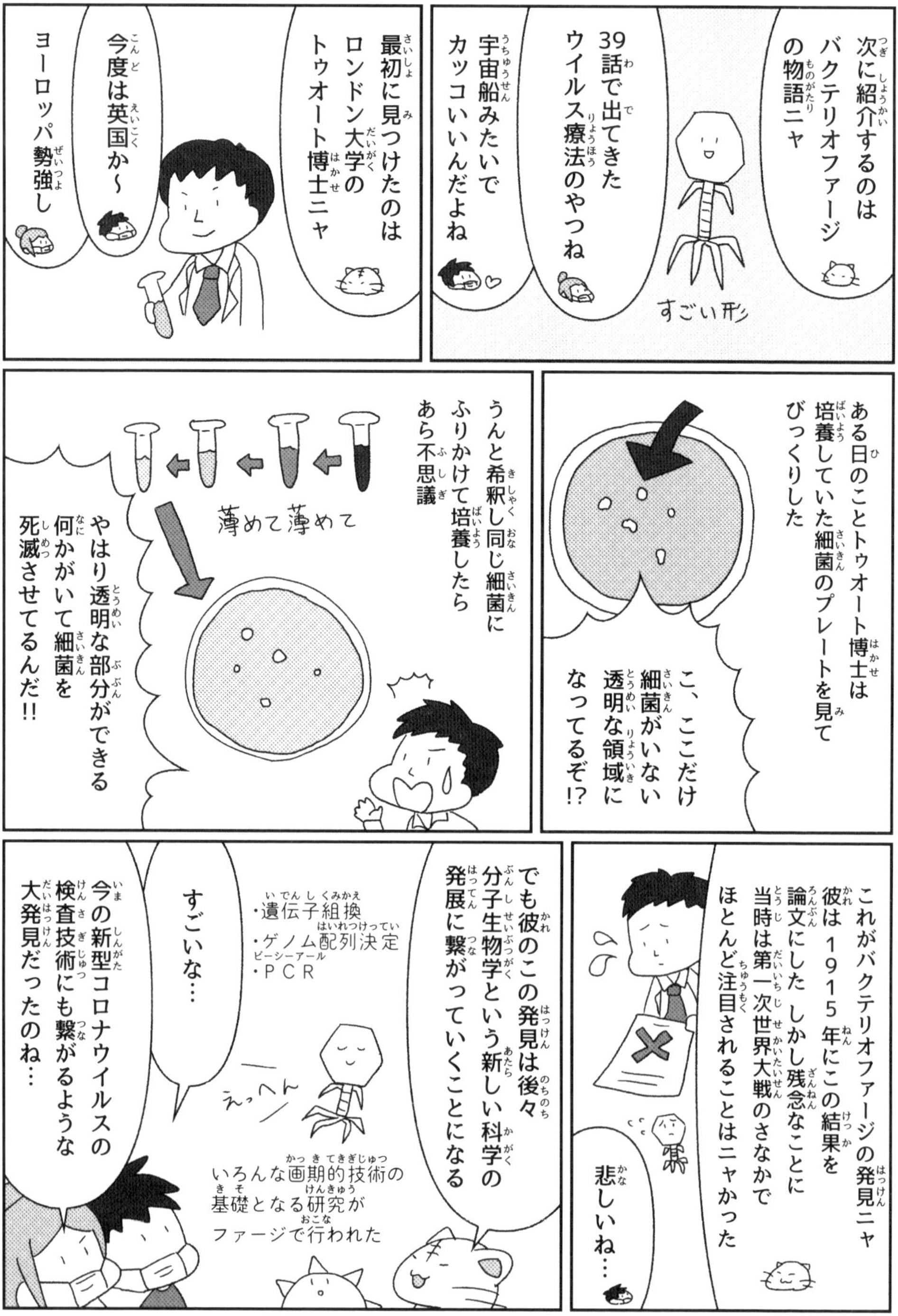

次《つぎ》に紹介《しょうかい》するのはバクテリオファージの物語《ものがたり》ニャ
39話《わ》で出《で》てきたウイルス療法《りょうほう》のやつね
宇宙船《うちゅうせん》みたいでカッコいいんだよね
すごい形
最初《さいしょ》に見《み》つけたのはロンドン大学《だいがく》のトウオート博士《はかせ》ニャ
今度《こんど》は英国《えいこく》か〜
ヨーロッパ勢《ぜい》強《つよ》し
ある日《ひ》のことトウオート博士《はかせ》は培養《ばいよう》していた細菌《さいきん》のプレートを見《み》てびっくりした
こ、ここだけ細菌《さいきん》がいない透明《とうめい》な領域《りょういき》になってるぞ!?
うんと希釈《きしゃく》し同《おな》じ細菌《さいきん》にふりかけて培養《ばいよう》したらあら不思議《ふしぎ》
薄めて薄めて
やはり透明《とうめい》な部分《ぶぶん》ができる何《なに》かがいて細菌《さいきん》を死滅《しめつ》させてるんだ!!
これがバクテリオファージの発見《はっけん》ニャ彼《かれ》は1915年《ねん》にこの結果《けっか》を論文《ろんぶん》にした しかし残念《ざんねん》なことに当時《とうじ》は第一次世界大戦《だいいちじせかいたいせん》のさなかでほとんど注目《ちゅうもく》されることはニャかった
悲《かな》しいね…
でも彼《かれ》のこの発見《はっけん》は後々《のちのち》分子生物学《ぶんしせいぶつがく》という新《あたら》しい科学《かがく》の発展《はってん》に繋《つな》がっていくことになる
・遺伝子組換《いでんしくみかえ》
・ゲノム配列決定《はいれつけってい》
・PCR《ピーシーアール》
いろんな画期的技術《かっきてきぎじゅつ》の基礎《きそ》となる研究《けんきゅう》がファージで行《おこな》われた
えっへん
すごいな…
今《いま》の新型《しんがた》コロナウイルスの検査技術《けんさぎじゅつ》にも繋《つな》がるような大発見《だいはっけん》だったのね…

バクテリオファージを最初《さいしょ》に発見したのは英国《えいこく》のトゥオートでした。
彼《かれ》は、自分が培養《ばいよう》していた細菌《さいきん》のプレートに透明《とうめい》なゾーンを発見。
それが濾過性《ろかせい》の細菌《さいきん》を殺《ころ》す因子《いんし》であることを解明《かいめい》しました。

彼《かれ》の立てた仮説《かせつ》は以下《いか》のようなものでした。

①細菌《さいきん》自体がそのようなライフサイクルをもともと持っている
②その因子《いんし》は細菌《さいきん》自身が作る酵素《こうそ》である
③その因子《いんし》は細菌《さいきん》を破壊《はかい》するウイルスである

あとわずか、いいところまで迫《せま》っていたトゥオートでしたが、
第一次世界大戦《たいせん》（1914～18年）が勃発《ぼっぱつ》。
彼《かれ》の研究拠点《きょてん》であるロンドンも戦火《せんか》にさらされました。

彼《かれ》は研究を中断《ちゅうだん》せざるを得《え》ませんでした。
1915年に書かれた論文《ろんぶん》のなかで彼《かれ》はこう語っています。
「もうこの研究を続《つづ》けることはできない。戦争《せんそう》のためだ。
とはいえこの細菌《さいきん》を死滅《しめつ》させる因子《いんし》は興味深《きょうみぶか》い。
願《ねが》わくは後世にこの研究の継続《けいぞく》を託《たく》したい。」

必要《ひつよう》な試薬《しやく》をネットで注文したら明日には届《とど》くような恵《めぐ》まれた時代にいる私《わたし》たち。
安心して研究に集中・継続《けいぞく》できる喜《よろこ》びをもっともっと噛《か》み締《し》めねばと思います。

45話　生物農薬《せいぶつのうやく》を着想《ちゃくそう》した研究者《けんきゅうしゃ》とウイルスとの出会《であ》い

次《つぎ》に紹介《しょうかい》するのは バクテリオファージを 一躍有名《いちやくゆうめい》にした フランス人研究者《じんけんきゅうしゃ》 デレーユの物語《ものがたり》
けっこうスゴイ 苦労人
彼《かれ》にとって 大《おお》きな転機《てんき》となったのは イナゴに下痢《げり》を引《ひ》き起《お》こす 細菌《さいきん》との出会《であ》いだった
?
害虫《がいちゅう》のイナゴが なぜかしらんが 下痢《げり》を起《お》こして 死《し》んどる…
わしら農民《のうみん》には 大助《おおだす》かりだわ
ふむ
この細菌《さいきん》が イナゴを退治《たいじ》するのに 使《つか》えるんじゃないか?
害虫《がいちゅう》を抑《おさ》えるために 生物《せいぶつ》を農薬《のうやく》として使《つか》うという 発想《はっそう》はとても斬新《ざんしん》だった
だが真《しん》の大発見《だいはっけん》は さらにその続《つづ》きにあった
ん?
イナゴ病原菌《びょうげんきん》を何《なに》かが 殺《ころ》している これは…ウイルスか?
細菌がない部分
調《しら》べた結果《けっか》それはトゥオートの 発見《はっけん》した現象《げんしょう》と同《おな》じであった
これを濾過《ろか》することでウイルスだけを 手《て》に入《い》れることができるのでは?
細菌
そう考《かんが》えた彼《かれ》は赤痢患者《せきりかんじゃ》の便《べん》を濾過《ろか》し 赤痢菌《せきりきん》に与《あた》えてみた
大当《おおあ》たりだ! 治《なお》りかけの患者《かんじゃ》のウ●チから 赤痢菌《せきりきん》を殺《ころ》す ウイルスが取《と》れたぞ!
治りかけ
う●ち
濾過
彼《かれ》は家族《かぞく》と相談《そうだん》してこのウイルスを 「バクテリオファージ（細菌《さいきん》を食《く》うもの）」 と名《な》づけ発表《はっぴょう》したのニャ

軍隊《ぐんたい》からの脱走《だっそう》、妻子《さいし》を連《つ》れてのカナダ移住《いじゅう》、
メープルシロップ酒の開発研究、金鉱探《きんこうさが》し、投資《とうし》の失敗《しっぱい》による破産《はさん》、
メキシコでのサイザル酒製造《しゅせいぞう》・・・。
すでに何人分かの人生を過《す》ごしてきたかのような波乱万丈《はらんばんじょう》。
これがデレーユの前半生でした。
しかし彼《かれ》には濃密《のうみつ》な後半生が残《のこ》されていました。
それは、とあるイナゴ病原菌《びょうげんきん》との出会いから始まりました。

本業の酒造《しゅぞう》よりも、微生物学《びせいぶつがく》に対する熱情《ねつじょう》を抑《おさ》えることができなくなっていた彼《かれ》は、
パスツール研究所で長く「無給助手《むきゅうじょしゅ》」として勤《つと》めることになります。
彼《かれ》はそこでイナゴ病原菌《びょうげんきん》の研究を精力的《せいりょくてき》に進め、
世界初《はつ》となる「生物農薬《せいぶつのうやく》」の現場適用試験《げんばてきようしけん》を実施《じっし》するまでになりました。
試験結果《しけんけっか》に対する評価《ひょうか》は様々でしたが、彼《かれ》の持ち前の行動力を示《しめ》した業績《ぎょうせき》の一つといえるでしょう。

そんな彼《かれ》のもとに、軍《ぐん》で赤痢患者《せきりかんじゃ》が増《ふ》えているので調べてほしいという依頼《いらい》がありました。

このときデレーユは、回復期《かいふくき》直前の患者《かんじゃ》の腸内《ちょうない》に赤痢菌《せきりきん》の生育を阻害《そがい》する因子《いんし》を見出しました。

この発見を大いに喜《よろこ》んだ彼《かれ》は、家族と相談の結果《けっか》、この因子《いんし》を「バクテリオファージ」と命名しました。

デレーユにしてみれば、苦労《くろう》をかけてきた家族たちへのせめてもの恩返《おんがえ》しだったのかもしれません。

46話　バクテリオファージを家畜《かちく》の治療《ちりょう》に使《つか》う

1917年《ねん》、デレーユはこの赤痢菌《せきりきん》の「バクテリオファージ」に関《かん》する論文《ろんぶん》を発表《はっぴょう》
ほどなく彼《かれ》のもとに新《あら》たな依頼《いらい》がやってきた
デレーユ先生《せんせい》 ニワトリの伝染病《でんせんびょう》がはやって困《こま》っとるんじゃ　助《たす》けてくれんかね
いいとも
家畜ペスト
死《し》んだニワトリからサルモネラ菌《きん》が取《と》れた！　これが原因《げんいん》だな！
デレーユは早速《さっそく》　この病気《びょうき》の原因《げんいん》を突《つ》き止《と》めた
しかし、原因《げんいん》がわかってもそれだけでは解決《かいけつ》にならない　この菌《きん》のバクテリオファージを見《み》つけねば
デレーユはひたすらニワトリの糞《ふん》を濾過《ろか》して菌《きん》に植《う》え付《つ》けるという作業《さぎょう》を行《おこな》いファージを探《さが》した
実学的
そしてついに…
ギャーッ
サルモネラ菌《きん》を殺《ころ》すバクテリオファージが取《と》れたぞ！
このバクテリオファージを大量《たいりょう》に増《ふ》やしてニワトリに与《あた》えてみたところ……
発症率《はっしょうりつ》を大幅《おおはば》に低《ひく》くすることに成功《せいこう》！
95%
5%
この成功《せいこう》によってヒトへの応用《おうよう》の準備《じゅんび》が整《ととの》ったと彼《かれ》は考《かんが》えた
デレーユさん　エネルギッシュ…
ということは　前話《ぜんわ》のアレを使《つか》うということ…？
いよいよ

デレーユは「家禽《かきん》ペスト」に対してファージ療法《りょうほう》の有効性《ゆうこうせい》を示《しめ》すことに成功《せいこう》しました。
では、ファージ療法《りょうほう》のメリットはどのような点にあるのでしょう？

ファージは特定《とくてい》の細菌《さいきん》のみを宿主《しゅくしゅ》とし、他の細菌《さいきん》や細胞《さいぼう》には影響《えいきょう》がありません。
したがってヒトや動物に感染《かんせん》しない安全な「抗病原菌《こうびょうげんきん》ミサイル」として利用《りよう》することが可能《かのう》です。
ファージを用いることで、健康《けんこう》な個体《こたい》が持つ細菌叢《さいきんそう》（たとえば腸内細菌叢《ちょうないさいきんそう》）を
壊《こわ》すことなく、標的《ひょうてき》の細菌《さいきん》のみを狙《ねら》い撃《う》つことができます。

また、ファージは病原菌細胞《びょうげんきんさいぼう》内で増殖《ぞうしょく》しますので、患部《かんぶ》で感染《かんせん》が拡《ひろ》がっていきます。
これは、投与《とうよ》したファージが適切《てきせつ》な場所で自動的《じどうてき》に増幅《ぞうふく》するということを意味します。
（ちなみに標的細菌《ひょうてきさいきん》にたどりつかなかったファージは、
免疫細胞《めんえきさいぼう》により異物《いぶつ》として排除《はいじょ》されます。）

抗生物質《こうせいぶっしつ》による細菌《さいきん》との戦《たたか》いは
「耐性菌出現《たいせいきんしゅつげん》→新規抗生物質《しんきこうせいぶっしつ》の発見→さらに耐性菌出現《たいせいきんしゅつげん》→からの新規抗生物質《しんきこうせいぶっしつ》の・・・」
というイタチごっこ状態《じょうたい》にあり、人類《じんるい》がやや不利《ふり》な状況《じょうきょう》にあります（36話参照《さんしょう》）。
ファージ療法《りょうほう》と薬剤療法《やくざいりょうほう》を併用《へいよう》することで、
ただ新規抗生物質《しんきこうせいぶっしつ》を探《さが》し続《つづ》けるよりもかなり有利《ゆうり》な展開《てんかい》に持ち込《こ》むことが
できると考えられます（39話参照《さんしょう》）。

47話　そしてファージ療法《りょうほう》が生《う》み出《だ》された

しかしいくら大丈夫《だいじょうぶ》と わかってても赤痢《せきり》の患者《かんじゃ》の ウ●チを濾《こ》したものを飲《の》むって 抵抗《ていこう》あるわ〜
その気持《きも》ちにも デレーユ博士《はかせ》は 配慮《はいりょ》したのニャ
とある小児病院《しょうにびょういん》に 赤痢《せきり》の子《こ》どもが 入院《にゅういん》していた
何《なん》とか助《たす》ける方法《ほうほう》は ないんですか？
私《わたし》が開発《かいはつ》した 新《あたら》しい治療法《ちりょうほう》を 試《ため》してみませんか
治《なお》る可能性《かのうせい》が あるんでしたら 是非《ぜひ》！
デレーユ 博士
医者ではない
この薬《くすり》は赤痢菌患者《せきりきんかんじゃ》の ウ●チから得《え》た バクテリオファージです
なっ 冗談《じょうだん》じゃ ありません！ ヒトの ましてや病人《びょうにん》の ウ●チから取《と》ったものを息子《むすこ》に 飲《の》ませるなんてとんでもない！
ヒトが飲《の》んでも無害《むがい》です では私自身《わたしじしん》が息子《むすこ》さんに 飲《の》ませるものより百倍濃《ひゃくばいこ》い液《えき》を ここで飲《の》んでみせましょう
よく見てて
え？？
ゴクッ
本当《ほんとう》に飲《の》んだ… そ、そこまでして 下《くだ》さるのなら信《しん》じます
こうして 子《こ》どもにファージ液《えき》を 飲《の》ませた翌朝《よくあさ》…
もう血便《けつべん》が止《と》まった こんなに早《はや》く 効果《こうか》が出《で》るなんて！
！
ありがとう ございました
お母《かあ》さんよかったね
デレーユ博士《はかせ》はすごいなぁ

デレーユが赤痢《せきり》の子どもを助けたのは1920年。抗生物質《こうせいぶっしつ》が普及《ふきゅう》するよりずっと前の話です。細菌感染症《さいきんかんせんしょう》への確《かく》たる治療法《ちりょうほう》がなかった時代に、この新しい治療法《ちりょうほう》の登場《とうじょう》は朗報《ろうほう》だったことでしょう。

少し歴史《れきし》を整理しておきます。

1915年　トゥオートがバクテリオファージを初《はじ》めて発見
1917年　デレーユが赤痢菌《せきりきん》ファージを発見
1919年　デレーユが家禽《かきん》ペストのファージ療法《りょうほう》に成功《せいこう》
1920年代　ファージ療法《りょうほう》が欧州《おうしゅう》に普及《ふきゅう》
1923年　旧《きゅう》ソ連《れん》でバクテリオファージ研究所を設置《せっち》（デレーユも協力《きょうりょく》）
1928年　抗生物質《こうせいぶっしつ》の発見（ペニシリン）
1940年代　抗生物質《こうせいぶっしつ》の普及《ふきゅう》、東欧《とうおう》以外《いがい》でのファージ療法《りょうほう》の衰退《すいたい》
1950年代　抗生物質耐性菌《こうせいぶっしつたいせいきん》が出現《しゅつげん》

トゥオートが発見し、デレーユが普及《ふきゅう》のきっかけを作ったファージ療法《りょうほう》も、歴史《れきし》の中に一度は埋《う》もれてしまいました。

しかし、抗生物質《こうせいぶっしつ》の過度《かど》な使用により薬剤耐性菌《やくざいたいせいきん》が大きな問題となっている今、多くの企業《きぎょう》がこの「古くて新しい治療法《ちりょうほう》」の実用化に取り組んでいます。


農地へのイナゴ病原菌《びょうげんきん》の適用《てきよう》（生物農薬《のうやく》）。家禽《かきん》ペストへのファージの適用《てきよう》（ファージ療法《りょうほう》）。

いずれも、アイデアを机上《きじょう》の空論《くうろん》に終わらせることのないデレーユの「実行力・実現力《じつげん》」があってこその大発明だったといえるでしょう。

48話　ウイルス前世代《ぜんせだい》の偉人《いじん》パスツールのもの凄《すご》さ

最後《さいご》は今《いま》まで紹介《しょうかい》した偉人《いじん》たちのさらに先輩《せんぱい》パスツールについて紹介《しょうかい》する
・自然発生説《しぜんはっせいせつ》を論破《ろんぱ》
・低温殺菌法《ていおんさっきんほう》を開発《かいはつ》
・炭疽菌《たんそきん》ワクチンの開発《かいはつ》
・狂犬病《きょうけんびょう》ワクチンの開発《かいはつ》
などなど…
パスツールは73年《ねん》の生涯《しょうがい》の間《あいだ》に数々《かずかず》の発見《はっけん》と発明《はつめい》を成《な》し遂《と》げた偉人《いじん》ニャ
どれ一《ひと》つとっても大偉業《だいいぎょう》だよな
いつ寝《ね》てたのかしら
コッホと並び"細菌学の父"と呼ばれている
わー
驚《おどろ》くのはまだ早《はや》い パスツールの時代《じだい》には当然《とうぜん》まだウイルスは見《み》つかっていない
にもかかわらず彼《かれ》は代表的《だいひょうてき》なウイルス病《びょう》である狂犬病《きょうけんびょう》のワクチンを実用化《じつようか》した
もはやSF《エスエフ》？
未来から？
どうやったの？
パスツールはイギリスのジェンナー(※)が開発《かいはつ》した種痘法《しゅとうほう》が他《ほか》の病気《びょうき》の予防《よぼう》にも応用《おうよう》できると考《かんが》え…
◎種痘《しゅとう》ワクチン
・牛痘《ぎゅうとう》に罹《かか》った人《ひと》は天然痘《てんねんとう》に罹《かか》らない
・自然界《しぜんかい》に存在《そんざい》していたウイルスを人体《じんたい》に接種《せっしゅ》
※「近代免疫学の父」と呼ばれる。
家畜《かちく》の病気《びょうき》を引《ひ》き起《お》こす炭疽菌《たんそきん》や家禽《かきん》コレラ菌《きん》のワクチン作製《さくせい》に見事成功《みごとせいこう》！
狂犬病
人にもうつる本当にコワイ病気
そして苦心《くしん》の末《すえ》に発明《はつめい》した狂犬病《きょうけんびょう》ワクチンはたくさんの命《いのち》を助《たす》けたのニャ
ワクチンって予防《よぼう》のためだけでなく治療《ちりょう》にも使《つか》えるんですか？
そうニャ 狂犬病《きょうけんびょう》の動物《どうぶつ》に噛《か》まれたらワクチンを連続接種《れんぞくせっしゅ》して発症《はっしょう》を抑《おさ》えるのが適切《てきせつ》とされる
パスツールの業績《ぎょうせき》は今《いま》の時代《じだい》の予防《よぼう》・治療技術《ちりょうぎじゅつ》にもしっかりと生《い》かされているのニャ
すごいなー

パスツールと並《なら》んでもう一人、「近代免疫学《めんえきがく》の父」と呼《よ》ばれているのが、種痘法《しゅとうほう》の開発で知られるジェンナーです。

種痘法は、致死率《ちしりつ》の高い天然痘《てんねんとう》の予防策《よぼうさく》であり、より症状《しょうじょう》の軽い牛痘患者《ぎゅうとうかんじゃ》にできた水ぶくれ内の液《えき》を接種《せっしゅ》することで、天然痘《てんねんとう》への免疫《めんえき》を付与《ふよ》するという手法《しゅほう》です。

当初《とうしょ》は否定的《ひていてき》な意見も多かった種痘法《しゅとうほう》ですが、紆余曲折《うよきょくせつ》を経《へ》て、世に広く認《みと》められるようになりました。

ですがジェンナーは、あえてこの技術《ぎじゅつ》の特許《とっきょ》を取ることなく、安価《あんか》に普及《ふきゅう》するよう計らったといわれています。実にスバラシイ。

ジェンナーが１８２３年没《ぼつ》、パスツールの生誕《せいたん》が１８２２年。

二つの巨星《きょせい》の絶妙《ぜつみょう》のバトンパスにより完成《かんせい》した「弱毒化《じゃくどくか》した病原体《びょうげんたい》（ワクチン）の投与《とうよ》による免疫付与《めんえきふよ》」という技術《ぎじゅつ》は、現代《げんだい》にもしっかりと受け継《つ》がれています。

次々と驚《おどろ》くような成果《せいか》を挙《あ》げ続《つづ》けたパスツール。彼《かれ》が遺《のこ》したこの言葉はとても印象的《いんしょうてき》です。

「機会《きかい》は準備《じゅんび》のできている精神《せいしん》だけを好《この》む」

科学にせよ何事にせよ、可能《かのう》な限《かぎ》り良《よ》い準備《じゅんび》をして臨《のぞ》むことで多くの気づきが生まれる。

狂犬病《きょうけんびょう》ワクチンの開発のほか、自然発生説《しぜんはっせいせつ》の否定《ひてい》、低温殺菌法《ていおんさっきんほう》の開発、蚕微粒子病防止技術《かいこびりゅうしびょうぼうしぎじゅつ》の開発、嫌気性菌《けんきせいきん》の発見などなど。

彼《かれ》はどれだけ綿密《めんみつ》な心の準備《じゅんび》をして日々を過《す》ごしていたのでしょうか。

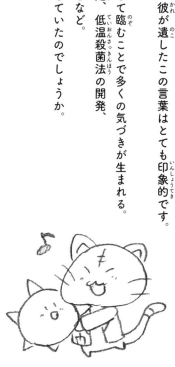

◎主要参考資料

「この本を読んでウイルスに興味が湧いた！　もっと詳しくウイルスの世界を知りたい！」という方にお勧めの資料を以下に示します。いずれも魅力的なものばかりですが、一部にはやや難解なものや入手困難なものがあるかもしれません。ご了承ください。

【書籍】

・岡田吉美『タバコモザイクウイルス研究の１００年』東京大学出版会、２００４年
・河岡義裕著、河合香織（聞き手）『新型コロナウイルスを制圧する』文藝春秋、２０２０年
・武村政春『ヒトがいまあるのはウイルスのおかげ！　役に立つウイルス・かわいいウイルス・創造主のウイルス』さくら舎、２０１９年
・中屋敷均『ウイルスは生きている』講談社現代新書、２０１６年
・福岡伸一『生物と無生物のあいだ』講談社現代新書、２００７年
・山内一也『ウイルス・ルネッサンス　ウイルスの知られざる新世界』東京化学同人、２０１７年
・山内一也『ウイルスの世紀　なぜ繰り返し出現するのか』みすず書房、２０２０年
・A・P・ウォーターソン、L・ウィルキンソン著、川出由己、松山雅子、松山東平訳『見えざる病原体を追って　ウイルス学史序論』吉岡書店、１９８７年

【文献】

・岩野英知、藤木純平、中村暢宏、権平智、樋口豪紀「ファージセラピーの現状と動物医療への応用」『産業動物臨床医学雑誌』10巻2号、２０１９年、53～39頁。
・浦山俊一、千葉悠斗、高木善弘、萩原大祐、布浦拓郎「再構築された〝ウイルス生態像〟」『環境バイオテクノロジー学会誌』19巻、２０１９年、5～12頁。
・加藤茂孝「狂犬病―パスツールがワクチン開発」『モダンメディア』61巻3号、栄研化学、２０１５年、17～25頁。
・外丸裕司、白井葉子、高尾祥丈、長崎慶三「海水中のもっとも小さな生物因子―水圏ウイルスの生態学―」『日本海水学会誌』61巻6号、２００７年、３０７～３１６頁。
・外丸裕司、木村圭「珪藻ウイルスの生態学―ガラスの鎧を持つ生物に感染するウイルス―」『生物の科学　遺伝』69巻4号、２０１５年、２８４～２８９頁。
・永田典代、佐多徹太郎「電子顕微鏡を利用した病原体の検出」『モダンメディア』59巻2号、２０１３年、14～20頁。
・平山和宏「腸内細菌叢の基礎」『モダンメディア』60巻10号、２０１４年、３０７～３１１頁。
・兵頭究「毒薬変じて薬となる？―植物を助けるウイルス―」『生物工学学誌』93巻10号、日本生物工学会、２０１５年、６３０頁。
・藤木純平、樋口豪紀、岩野英知「ファージセラピーの臨床応用と世界の動向―パターソン症例から」『THE CHEMICAL TIMES』250号、関東化学、２０１８年、25～31頁。

・吉田徹也、中沢春幸「塵埃感染の疑われたノロウイルスによる集団感染性胃腸炎事例」『感染症学雑誌』84巻6号、2010年、702～707頁。
・米崎哲朗、大塚裕一「新世代のファージ研究」『生産と技術』62巻3号、2010年、55～58頁。
・Peng X, Garrett RA, She Q. (2012) Archaeal viruses–novel, diverse and enigmatic. Sci. China Life Sci. 55,422–433.
・Prangishvili D, Krupovic M. (2018) ICTV Virus Taxonomy Profile: Bicaudaviridae. J. Gen. Viol. 99(7), 864–865. doi:10.1099/jgv.0.001106

【ウェブページ】（すべて最終閲覧2021年4月5日）
・https://www.bdj.co.jp/safety/articles/ignazzo/vol12/hkdqj200000uctft.html
「ルイ・パスツール」、感染制御のための情報誌「Ignazzo」（Vol.12）ウェブ版（日本BD〔日本ベクトン・ディッキンソン〕）
・https://igakushitosyakai.jp/article/post-269/
「天然痘ワクチンに使われたウイルスの正体／廣川和花（専修大学）」、「医学史と社会の対話」（慶應義塾大学経済学部、鈴木晃仁研究室）
・https://bacteriophage.jp
「バクテリオファージとは」、「バクテリオファージ．ｊｐ」（バクテリオファージ健康情報室、協力・イスクラ産業株式会社）
・https://www.jsvetsci.jp/05_byouki/ProfYamauchi.html
「連続講座・人獣共通感染症（山内一也）」（日本獣医学会）
・http://idsc.nih.go.jp/iasr/28/325/pr3251.html
「Mホテルにおけるノロウイルスによる集団胃腸炎の発生について」（感染症情報センター）
・https://bio.nikkeibp.co.jp/atcl/news/p1/20/09/29/07445/
「新型コロナの予防にも治療にも期待される中和抗体医薬」、「日経バイオテク」（日経BP）
・https://www.ims.u-tokyo.ac.jp/imsut/jp/about/press/page_00021.html
「大規模データから新規抗菌物質を同定：腸内ウイルスのビッグデータを使った新しい治療法を開発」（東京大学医科学研究所）
・https://www.giantvirus.org
「Giant Virus.org」(J. M. Claverie et al.)
・https://storage.googleapis.com/natureasia-assets/ja-jp/ndigest/pdf/v2/n11/ndigest.2005.051108.pdf
「スペイン風邪ウイルスがよみがえった」、「Nature Digest 日本語編集語版」
・https://amr.ncgm.go.jp/general/1-2-1.html
「薬剤耐性菌について　どのように耐性化するのか」（AMR臨床リファレンスセンター、国立国際医療研究センター病院）
・https://www.kyowakirin.co.jp/antibody/index.html
「抗体医薬品 ～最先端の治療薬～」（協和キリン株式会社）
・https://natgeo.nikkeibp.co.jp/atcl/news/19/112600684/
「深刻な感染症、森林破壊のせいで増加、研究」、「ナショナル ジオグラフィック日本版サイト」

あとがき

ウイルスにまつわる様々な情報をじっくり煮込んでアクを抜き、その上澄みだけを「わかりやすさ」と「ゆるさ」にこだわり仕上げた本書。新型コロナウイルスによりいろんな常識が覆されている今、ウイルスについての情報の伝え方も前例がないほどにゆるくしてみました。

これまで使われたことのなかったタイプのワクチンがわずか1年の開発期間で堂々と世に出され、認められる時代。こんな振り切れた本もアリということにしてください。

お忙しいなか、貴重なアドバイスをいただきました宮崎大学・和田啓先生、大阪大学・渡辺登喜子先生、東海大学・中川草先生、および筑波大学・浦山俊一先生に感謝申し上げます。また、私たちの独特な執筆方針を受け入れ、本書の編集に根気強くお付き合いくださった教育評論社・小山香里さんの寛大さに深謝いたします。

漫画を担当されたあきのはこ先生とは、2020年まで「ネオウイルス学」という巨大プロジェクトのニュースレター上でご一緒しました。今回このような形で二人の書き下ろし作品を世に出すことができ、たいへん嬉しいです。

これからも一緒にいろんな科学をわかりやすく描いていけたらなぁと思っています。

長崎慶三

＊ネオウイルス学のニュースレター総集編は、下記のQRコードからダウンロード可能です。

—あとがきのあとがき漫画《まんが》—

いかがでしたでしょうか? おそらく世界《せかい》で最《もっと》もゆる〜く ウイルスの世界《せかい》を紹介《しょうかい》したこの本《ほん》…
でも内容《ないよう》は最新《さいしん》の研究成果《けんきゅうせいか》を 反映《はんえい》したものばかりでしたニャ 科学《かがく》の発展《はってん》というのは 本当《ほんとう》にスバラシイ
教育評論社 ホームページ
よければ本《ほん》の感想《かんそう》、 ここが良《よ》かった、 ここはわかりにくかったなど ご意見《いけん》もらえると嬉《うれ》しいニャ!!
次《つぎ》は今回紹介《こんかいしょうかい》しきれなかった ウイルスエピソードを満載《まんさい》した 「続《ぞく》・ゆるふわウイルス入門《にゅうもん》」
続・ゆるふわ
シン・ユル
皆様《みなさま》の感想次第《かんそうしだい》では さらに本書《ほんしょ》をゆる〜くした 「シン・ユルフワウイルス 超入門編《ちょうにゅうもんへん》」!
ウイルス研究者《けんきゅうしゃ》たちの ヒューマンヒストリーを描《えが》いた 「ザ・プロフェッショナル復刻版《ふっこくばん》 ウイルスの狩人《かりゅうど》たち」など様々《さまざま》な案《あん》が!!
実際《じっさい》に発売《はつばい》されるんですか?
いや…… 書《か》く機会《きかい》が あったらいいニャと
ウケてるかどうかコワイ
なのでぜひ! 次《つぎ》はこんなことが知《し》りたいという ご意見《いけん》ガンガン お待《ま》ちしてますニャ!
ではまた いつかどこかで!
再見!

Dr. ニャガサキ（長﨑慶三）

高知大学農林海洋科学部教授（海洋生命科学コース）
ウイルスが持ついろんな顔を知ってもらいたいと考え、本書を執筆。テニスも釣りも好きだけど、勝てない釣れない道険し。幼少の頃から漫画大好き。夢はＭリーガー。

あきのはこ

漫画家・イラストレーター
研究や未知の世界を分かりやすく表現したい！という思いを胸に秘めていたところ、Dr. ニャガサキに発見された。布団と紅茶とゲームが好き。

Dr. ニャガサキのゆるふわウイルス入門

2021年5月31日　初版第1刷発行

作	Dr. ニャガサキ
画	あきのはこ
発行者	阿部黄瀬
発行所	株式会社　教育評論社 〒103-0001 東京都中央区日本橋小伝馬町1-5　PMO日本橋江戸通 Tel：03-3664-5851 Fax：03-3664-5816 http://www.kyohyo.co.jp
印刷製本	萩原印刷株式会社

定価はカバーに表示してあります。
落丁本・乱丁本はお取り替え致します。

ISBN 978-4-86624-040-4